甘智荣 主编

新疆人民出版总社
新疆人民卫生出版社

图书在版编目（CIP）数据

吃对健康料理更长寿/甘智荣主编.—乌鲁木齐：新疆人民卫生出版社，2016.6
ISBN 978-7-5372-6580-5

Ⅰ.①吃… Ⅱ.①甘… Ⅲ.①保健－食谱 Ⅳ.①TS972.161

中国版本图书馆CIP数据核字(2016)第112912号

吃对健康料理更长寿

CHIDUI JIANKANG LIAOLI GENG CHANGSHOU

出版发行 新疆人民出版总社
新疆人民卫生出版社
责任编辑 胡赛音
策划编辑 深圳市金版文化发展股份有限公司
摄影摄像 深圳市金版文化发展股份有限公司
封面设计 深圳市金版文化发展股份有限公司
地　　址 新疆乌鲁木齐市龙泉街196号
电　　话 0991-2824446
邮　　编 830004
网　　址 http://www.xjpsp.com
印　　刷 深圳市雅佳图印刷有限公司
经　　销 全国新华书店
开　　本 170毫米×230毫米 16开
印　　张 10
字　　数 160千字
版　　次 2016年7月第1版
印　　次 2016年7月第1次印刷
定　　价 29.80元

PREFACE 前言

宋美龄享年106岁，杨绛享年105岁……广西巴马、湖北钟祥、江苏如皋等著名的“长寿之乡”人均寿命均在80岁以上，最长寿者甚至达到127岁！你是否也想成为人人艳羡的百岁寿星呢?

古往今来，健康长寿一直是人们追求的美好愿望。人的寿命长短很大程度上取决于日常膳食，食材的选择与搭配，烹饪方式的运用，摄入热量的多寡……都会影响我们的膳食结构。营养专家指出，膳食平衡是健康饮食的关键。所谓的膳食平衡，是指选择多种食物经过适当搭配，做出满足人体营养需求的膳食。这既要求我们食物多样化，又提出了荤素搭配恰当、能量比例适宜的膳食理念。具体来说，就是以谷类食物为主，多吃蔬菜、水果和薯类，常吃奶类、豆类及其制品，并适量进食禽蛋、鱼类、瘦肉，少吃肥肉和荤油。此外，膳食清淡有利于人体健康，也是得享高寿的重要因素。除了不要过多食用动物性食物和油炸、烟熏食物，低盐少油的烹饪方式也应成为健康饮食的首选。

为了倡导健康的饮食风尚，这本《吃对健康料理更长寿》向读者朋友介绍了75种常见的养生食材，涵盖谷物、豆类、蔬菜、肉禽、蛋奶、水产、果品几大类别，是否吃得健康一查便知！还有权威营养师推荐了141多款营养食谱，不论是爽口的凉菜、清新的蒸菜，还是鲜美的小炒、喷香的汤羹，都能让你大快朵颐。各种食材如何搭配，一道菜肴中食材用量多少、热量供给多少，放多少盐、用哪种油，怎么调味最能保持食材的原始鲜味……各种美味窍门、健康秘诀尽在这本《吃对健康料理更长寿》。快来翻阅本书，用健康食材烹饪养生料理吧，从此享尽口福、活到百岁再也不是梦！

CONTENTS 目录

PART 1
怎么吃更长寿

PART 2
谷物、豆类及豆制品

PART 3

蔬菜与菌菇

PART 4

畜肉、禽蛋及乳制品

PART 5

河鲜与海鲜

PART 6

水果与坚果

PART 1

健康饮食是长寿的关键

健康的饮食习惯是长寿的关键，但要怎么吃才合适呢？说起吃，内容可就丰富了，不仅要合理地搭配食材，而且要选用健康的烹饪方式，更要杜绝不良的饮食习惯，你做到了吗？

走近食材，挖掘健康长寿的营养素宝库

豆类富含植物蛋白，可提高机体免疫力；蔬菜富含纤维素，可保持血管健康。养生达人总是能从这些食材中找到最天然的营养素，一起来学做养生达人，从基础做起，探索各类食材的秘密，寻找健康长寿的营养素养生宝库。

谷物

谷物作为中国人的传统饮食，几千年来一直是老百姓餐桌上不可缺少的食物之一。

谷物的碳水化合物含量一般在70%左右，主要为淀粉，集中在胚乳的淀粉细胞内，是人类理想、经济的能量来源。谷物淀粉的特点是能被人体以缓慢、稳定的速率消化吸收与分解，最终产生供人体利用的葡萄糖，而且其能量的释放缓慢，不会使血糖突然升高，对人体健康非常有益。

谷物所含的纤维素、半纤维素在膳食中具有重要的功能，特别是糙米比精白米含量要高得多。膳食纤维虽不被人体消化、吸收、利用，但它有利于清理肠道废物，减少有害物质在肠道的停留时间，可预防或减少肠道疾病。

豆类

豆类及豆制品含蛋白质很高，一般在20~40%，以黄豆含量最高。1斤黄豆蛋白质的含量相当于2斤多瘦猪肉或3斤鸡蛋或12斤牛奶。大豆蛋白质含有人体所需的各种氨基酸，特别是赖氨酸、亮氨酸、苏氨酸等比较多。黄豆中还含有约1.5%的磷脂，磷脂是构成细胞的基本成分，对维持人的神经、肝脏、骨骼及皮肤的健康均有重要作用。

豆类的脂肪含量多，且因种类不同相差很大，黄豆含大约18%的脂肪，故可作为食油原料。而除黄豆外的其他豆类仅含脂肪1%左右。黄豆脂肪多为不饱和脂肪酸，其溶点低，易于消化吸收，并含有丰富的亚麻油酸和磷脂，是优质脂肪。

蔬菜

蔬菜的营养物质主要包含蛋白质、矿物质、维生素等，这些物质的含量越高，蔬菜的营养价值也越高。此外，蔬菜中的水分和膳食纤维的含量也是重要的营养品质指标。通常，水分含量高、膳食纤维少的蔬菜鲜嫩度较好，其食用价值也较高。

蔬菜的营养素不可低估，人体必需的维生素C的90%、维生素A的60%均来自蔬菜，可见蔬菜对人类健康的贡献之巨大。此外，蔬菜中还有多种植物化学物质，是被公认的对人体健康有益的成分，如类胡萝卜素、二丙烯化合物、甲基硫化合物等，许多蔬菜还含有独特的微量元素，对人体具有特殊的保健功效。

菌菇

菌菇营养价值很高，富含氨基酸和蛋白质，而且脂肪含量很低，还含有真菌多糖，具有很好的保健作用。

常食菌菇可提高机体的免疫力。菌菇的有效成分可增强T淋巴细胞功能，从而有效提高机体抵御各种疾病的免疫力。

菌菇中含有人体难以消化的粗纤维、半粗纤维和木质素，可保持肠内水分平衡，还可吸收余下的胆固醇、糖分，将其排出体外，对预防便秘、肠癌、动脉硬化、糖尿病等都十分有利；菌菇含有酪氨酸酶，对降低血压有明显效果。

畜肉

畜肉类是指猪、牛、羊等牲畜的肌肉、内脏及其制品，主要提供蛋白质、脂肪、无机盐和维生素。营养素的分布因动物种类、年龄、肥瘦程度及部位的不同而异。肥瘦不同的肉中脂肪和蛋白质的变动较大，动物内脏脂肪含量少，蛋白质、维生素、无机盐和胆固醇含量较高。

畜肉蛋白质含量占10%~20%，其中含有充足的人体必需氨基酸，而且在种类和比例上接近人体需要，易消化吸收，所以蛋白质营养价值很高，为利用率高的优质蛋白质。

禽蛋

禽蛋被营养学家誉为“人类最好的营养源”“天然最接近母乳的蛋白质食品”。

禽蛋中含有人体必需的8种氨基酸，并与人体蛋白的组成极为近似，人体对禽蛋蛋白质的吸收率可高达98%。禽蛋富含脂肪，主要集中在蛋黄里，也极易被人体消化吸收，蛋黄中含有丰富的卵磷脂、固醇类、蛋黄素以及钙、磷、铁、维生素A、维生素D及B族维生素，这些成分可起到健脑益智、保护肝脏与心脑血管等作用。

禽蛋除了含有人们熟知的多种营养物质外，还含有抗氧化剂，一个蛋黄的抗氧化剂含量相当于一个苹果。

乳制品

乳制品是全球公认的“接近完善的”食品，作为日常生活中比较常见的食品，乳制品的营养成分齐全，组成比例适合，含有丰富的钙元素，是人类摄取钙的最主要来源之一。

乳制品中蛋白质含量平均为3%，消化率高达90%以上；脂肪含量为3~4%，并以微脂肪球的形式存在，有利于消化吸收。

以牛奶为例，其所含的丰富酪蛋白，在被消化的过程中会形成胜肽和乳糖，使原本不易被人体吸收的钙质的消化吸收率达到40%~90%，对强化骨骼与牙齿、抑制自律神经以及稳定焦虑情绪有良好的效果。

藻类

藻类食物主要包括发菜、紫菜、海带、海白菜及裙带菜等。在海藻的有效成分中，矿物质含量最多，其中比较多的有钙、铁、钠、镁、磷和碘等。因为海藻是含钙质极为丰富的碱性食物，经常食用有利于调节血液的偏酸性，避免体内的碱元素如钙、锌等因酸性中和而被过多消耗。

海藻能有选择地清除汞、镉、铅等重金属致癌物。同时，藻类食物所富含的纤维素也难以被消化吸收，食后可使胃肠蠕动增加，肠管及时排空，保持大便通畅，预防便秘。

海鱼

海鱼含有丰富的维生素A、维生素D、维生素E等，尤其是脂溶性维生素A和维生素D含量极高。鳗鱼、三文鱼等海鱼中的维生素B_2含量特别高。鱼肉中还含有一定量的尼克酸和维生素B_1等。

海鱼的肌肉中蛋白质含量在15%~20%，干品肌肉中蛋白质高达80%~90%。据测定，这种蛋白质能提供人体必需的氨基酸，而这些氨基酸不能在人体内合成，只能从食品中获得。另外，鱼肉的肌纤维较短，肌球蛋白和肌质蛋白之间结构疏松，易被人体消化吸收。

水果

水果中富含维生素C和维生素A。众所周知，水果对于人类营养最大的贡献就是其丰富的维生素，尤其是维生素C和维生素A。因此建议缺乏维生素的人多吃水果，而不是选择维生素药片。

水果为人们提供人体必需的矿物质。大部分水果都含有较多的镁和钾，部分水果含有铁质，但磷和钙的含量则较少。因此贫血患者也可以通过食用水果来补充自己所缺少的铁质。

水果还有助于人们保持一个较好的身材。因为水果中的成分绝大部分为水分，脂肪、糖、蛋白质等的含量相比鱼肉等低了很多，所含的热量也较低，因此，常吃水果也不用担心引起肥胖。

坚果

坚果能降低中老年人发生糖尿病的危险。坚果中富含不饱和脂肪酸及其他营养物质，这些营养物质均有助于改善血糖和胰岛素的平衡。

坚果有补脑益智的功效。脑细胞由60%的不饱和脂肪酸和35%的蛋白质构成。坚果类食物中含有大量的不饱和脂肪酸，还含有15%~20%的优质蛋白质和十几种重要的氨基酸，此外，坚果还含有对大脑神经细胞有益的维生素B_1、B_2、B_6，维生素E及钙、磷、铁、锌等。

饮食巧搭配，体魄强健更长寿

所谓“食不厌杂”，意思就是食物要多样，目的是通过多样化的食物，让人体摄入全面的营养。“杂”主要指的是食物的种类多、跨度大、属性全。食物的搭配能起到营养互补的作用，或弥补某些缺陷，或弥补某些损害。

粗粮、细粮搭配

科学研究表明，不同种类的粮食及其加工品的合理搭配，可以提高其生理价值。粮食在经过加工后，往往会损失一些营养素，特别是膳食纤维、维生素和无机盐，而这些营养素正是人体所需要或容易缺乏的。以精白粉为例，它的膳食纤维只有标准粉的1/3，而维生素B_1只有标准粉的1/50；与红小豆相比二者少得更多。因此，在主食选择上，应注意粗细粮搭配。

粗细粮合理搭配混合食用可提高食物的风味，有助于各种营养成分的互补，还能提高食品的营养价值和利用程度。

干稀饮食搭配

除了饮水，人们每天还需从食物中摄取大量水分，健康的饮食要每餐有干有稀，易于消化，有助于补充水分。可采取肉丝、碎肉、烩肉末羹、肉丸子等制法，或与一些富有营养的食物共同炖煮、烩炒，如猪脊骨炖海带、菠菜烩猪肝、莴笋炒肉片、紫菜蛋汤等。

总吃过干的食物对人体肠胃不利，根据具体情况采用干稀搭配，不仅能增加饱腹感，还有助于人体的消化吸收。

荤素搭配

肉类、鱼、奶、蛋等食品富含优质蛋白质，各种新鲜蔬菜和水果富含多种维生素和无机盐。两者搭配能烹调制成品种繁多、味美口香的菜肴，不仅富于营养，又能增强食欲，有利于消化吸收。

动物油含饱和脂肪酸和胆固醇较多，应与植物油搭配，尤应以植物油为主（植物油与动物油比例为2：1）。动物脂肪可提供维生素A、维生素D和胆固醇，后者是体内合成皮质激素、性激素以及维生素D的原料。

比如，中老年人容易缺钙，不妨经常用鲜鱼与豆腐一起烹调，前者含有较多的维生素D，后者含有丰富的钙，将两者合用，可使钙的吸收率提高20多倍；鲜鱼炖豆腐，味道鲜美又不油腻，尤其适合老年人；而黄豆烧排骨，其蛋白质的生理价值可提高两三倍。

再如，人们日常生活中最常见的蔬菜与肉类的搭配，如黄瓜肉片、雪菜肉丝和土豆烧牛肉等，由肉类提供蛋白质和脂肪，由蔬菜提供维生素和无机盐，不但营养素搭配合理，而且色泽诱人、香气四溢，更使人食欲顿增。

酸碱搭配

人体血液的正常pH值为7.4，呈微碱性，这是机体各种生理活动所需要的最佳条件。可是食物能影响血液的pH值。当食物成分在体内参加新陈代谢反应后，如果生成酸性代谢产物，则影响血液pH值偏向酸性，这类食物被称为酸性食物。如果长期大量进食某类食物，就有可能使血液中pH值失去平衡性，不利于身体健康。

因此，饮食应该注意酸碱平衡。富含糖类、蛋白质和脂肪的糖、酒、米、面、肉、蛋、鱼等食物，由于其在体内氧化分解的最终产物是二氧化碳和水，二者结合就会形成酸性的代谢物，所以这些食物属于酸性食物；而水果、蔬菜以及豆制品、乳制品、菌类和海藻类等食物，含有较多的金属元素，代谢后会生成碱性氧化物，因此这些食物属于碱性食物。

多颜色搭配

食物的颜色是外在的表象，我们可以通过颜色来读懂食物的内在健康信息，具有纯天然色彩的食物不仅给人以美的感觉，提高人的食欲，还能反映出食物的营养和天然活性成分，对人体健康十分有益。

红色食物

红色食物有西红柿、红辣椒、西瓜、山楂、草莓、红葡萄、蔓越橘、红枣等。这类食物富含番茄红素，番茄红素是类胡萝卜素中最强的抗氧化剂，易于吸收、代谢和利用，是人体血清中浓度最高的类胡萝卜素，约占人体血清中类胡萝卜素的50%。增加血清中番茄红素含量可防护大分子如脂类、蛋白质、DNA的氧化损伤，从而防止动脉硬化和癌症的发生和发展。研究发现，血中番茄红素低者，冠心病发生的危险性和死亡率高。

流行病学调查发现，番茄红素摄入量与口腔癌、咽癌、食道癌、胃癌、结肠癌、直肠癌及前列腺癌呈显著性相关；研究表明番茄红素还具有多种生物学效应。

红色食物还为人体提供丰富的胡萝卜素、维生素C、铁等营养成分，有助于增强心脑血管活力，提高免疫力，促进健康。

白色食物

白色果蔬颇受心血管病人的青睐，如冬瓜、甜瓜、竹笋、花菜等等，给人一种质洁味鲜的美感，经常食用可调节视力、安定情绪，对高血压、心脏病患者益处颇多。此外，白色果蔬富含膳食纤维和类黄酮，每天食用25克，可以使中风风险降低9%。

白色肉食是指鱼肉、鸡肉、鸭肉等。鱼肉中含有的脂肪酸能减少胰腺癌发生的风险并刺激机体解毒机制中酶的作用，日本百岁以上老人已达20000多名，他们的长寿经验中重要的一条是经常吃鱼。

绿色食物

绿色蔬菜中富含叶酸，而叶酸已被证实能防止胎儿神经管畸形。叶酸是心脏的保护神，能有效清除血液中过多的同型半胱氨酸，从而起到保护心脏的作用。

绿色蔬菜含有丰富的维生素C，大量维生素C有助于增强身体抵抗力和预防疾病。对于工作紧张、长时间操作电脑和吸烟的人来说，每天都应适量增加维生素C的摄入。

黄色食物

黄色果蔬主要有胡萝卜、红薯、老玉米、南瓜、黄豆等，其最大的特点和优势是富含维生素A和维生素D，还含有丰富的胡萝卜素，可减少感染、肿瘤发病。

维生素A能保护胃肠黏膜，防止胃炎、胃溃疡等疾病发生，维生素D具有促进钙、磷两种矿物质元素吸收的作用，进而起到壮骨强筋之功效；其还对儿童佝偻病、青少年近视、中老年骨质疏松症等常见病有防治作用，因此这类人群需要多食用黄色食物。

紫色食物

紫色食物有紫茄子、紫葡萄、蓝莓等。它们有调节神经和促进肾上腺分泌的功效。最近研究发现，紫茄子比其他蔬菜含更多维生素P，它能增强身体细胞之间的粘附力，降低脑血管栓塞的几率。

黑色食物

黑色食物有黑莓、黑加仑、海带、黑木耳、香菇、黑豆、黑芝麻、黑米等，这类食物富含花青素、白藜芦醇、鞣花酸、萜类化合物等，它们具有清除自由基、抗氧化、降脂、降血黏度、抗肿瘤等作用，有助于降低动脉粥样硬化、冠心病、脑中风等疾病的发生率。

关注热量，活出轻盈的体态

人体的一切生命活动都需要能量，这些能量来源于食物中的碳水化合物、脂肪和蛋白质。所有人群每日都应补充和自身基础代谢、生理状况、体力劳动等情况相均衡的膳食能量。于是，一日三餐中的热量摄入变得尤为重要，只有精准把控日常膳食的热量摄入，才能健康长寿。

什么是热量？

正如汽车要耗油、电视要耗电，人体每时每刻都在消耗热量，这些热量是由食物中的产热营养素提供的。食物中能产生热量的营养素有蛋白质、脂肪、糖类和碳水化合物，它们经过氧化产生热量供身体维持生命、生长发育和运动。热能供给过多时，多余的热量就会变成脂肪贮存起来，时间久了，身体就胖起来了。

营养学中用“千卡”做为热量的单位。1千卡是1000毫升水由15℃升高1℃所需要的热量。热量消耗的途径主要有三个部分，第一部分是基础代谢率，约占人体总热量消耗的65~70%，第二部分是身体活动，约占总热量消耗的15~30%，第三部分是食物的热效应，占的比例最少，约10%。

为什么不能缺少热量？

热量除了供给人在从事运动、日常工作和生活时所需要的能量外，同样也提供人体生命活动所需要的能量。血液循环、呼吸、消化吸收等等，人体的生命活动每时每刻都在不停地运行着，它的热量也在逐渐地被消耗着。

人体每日摄入的热量不足，机体会运用自身储备的热量甚至消耗自身的组织以满足生命活动的能量需要。人长期处于饥饿状态，在一定时期内机体会出现基础代谢降低、体力活动减少和体重下降以减少热量的消耗，使机体产生对于热量摄入的适应状态。此时，能量代谢由负平衡达到新的低水平上的平衡，其结果是引起儿童生长发育停滞、成人消瘦和工作能力下降。

不同人群对热量的需求一样吗?

一般来说，成人每天至少需要1500千卡的热量来维持身体机能，这是因为即使躺着不动，身体仍需热量来保持体温、心肺功能和大脑运作。热量的消耗会因个体间身高、体重、年龄、性别等的差异而有所不同，体力消耗量大和需要减肥的人群，应按照参考摄入量适当增加或减少摄入热量。

每人每天摄入的热量根据目的不同有所变化，具体为：以减轻体重为目的，每日进食的热量等于目标体重（公斤）乘以26.4；以增重为目的，每日进食的热量等于现体重（公斤）乘以39.6；以保持体重为目的，每日进食的热量等于现体重（公斤）乘以33。

三大营养素的热量如何分配?

碳水化合物、脂肪和蛋白质是人体必需的三大营养素。三大产热营养素合理搭配，指的是供给人体热能的蛋白质、脂肪、碳水化合物这三种必须的营养素必须保证一种科学的比例关系。

三类产热营养素各占总能量的百分比：蛋白质占12%~15%，脂肪占20%~30%，碳水化合物占55%~65%，以此可得三类产热营养素在各餐中的能量供给量。

碳水化合物、脂肪、蛋白质三者之间能够互补。当碳水化合物供给不足时，体内储存的脂肪和蛋白质就负责提供热量，如果补充了碳水化合物或脂肪，也就补充了热量，相对减少了蛋白质单纯作为供给热量的分解代谢。因此，在膳食中合理安排这三种营养的比例，对于人体健康是很有益的。

三餐的热量如何分配?

三餐热量合理分配，对人体健康非常重要。按照平衡膳食宝塔的要求，一日当中，早、中、晚餐热量理想比例为30:40:30。如平时有吃零食、喝饮料等习惯，则正餐的热量摄入量应当按90%来计算，留出10%左右的热量做为零食、饮料和加餐的数量，一日三餐的热量分配可以是25%、35%和30%，加上10%的餐间零食。

自制手工食材，享受独特风味

美味的牛肉丸、鱼丸总是能让我们食欲大开，可是外面买来的着实不放心；菜肴美味的加分伴侣——沙拉酱、蘸汁也总不那么容易符合自己的口味。不用烦恼了，一起来亲手做地道的、有独特个性的加工食材，尽情享受独属于自己的诱惑风味！

自制沙拉酱

原料：

蛋黄适量

调料：

色拉油适量，白醋25毫升，糖粉25克

做法：

1 蛋黄倒入碗中，加糖粉用搅拌器打发。
2 蛋黄打发至体积膨胀、颜色变浅、浓稠状，加入少许色拉油，用搅拌器搅打使油和蛋黄完全融合。
3 继续少量多次地加入色拉油，搅拌均匀，蛋黄糊会越来越稠，重复多次边加入色拉油边搅拌，至充分融合。
4 加入1勺白醋搅拌均匀即可。

自制火锅蘸汁

原料：

蒜头10克，小红椒3克，青椒5克

调料：

白砂糖20克，鸡粉少许，生抽、陈醋、芝麻油各5毫升

做法：

1 将蒜头、小红椒、青椒分别洗净。
2 蒜头切粒；小红椒、青椒切圈。
3 取一小碗，放入蒜头、小红椒、青椒，加入白砂糖、鸡粉、生抽、陈醋、芝麻油，拌匀即成。

自制肉丸

原料：

猪肉300克，冬菇15克，蒜瓣5克

调料：

盐2克，料酒10毫升，鱼露5毫升，淀粉、芝麻油、胡椒粉、白糖各少许

做法：

1 猪肉洗净，剁成末；冬菇洗净浸软。
2 冬菇捞起剁碎，浸泡冬菇的水静置，待用；蒜瓣去皮，拍扁，剁碎。
3 剁碎的蒜瓣、冬菇、猪肉装碗，加盐、鱼露、白糖、胡椒粉、料酒、芝麻油、淀粉拌匀。
4 分次倒入冬菇水，用筷子往一个方向搅拌至起筋，直至肉末吸入水分，再次倒入冬菇水，继续搅拌至肉末呈肉泥状。
5 用汤匙舀起肉泥，捏成肉丸，上锅蒸熟即可。

自制鱼丸

原料：

加吉鱼1条，鸡蛋1个，葱20克，姜5克

调料：

盐2克，芝麻油5毫升，淀粉适量

做法：

1 加吉鱼处理干净；葱姜剁碎，加少许开水浸泡至水凉透，制成葱姜水。
2 将鱼肉用刀片下来，放置葱姜水中浸泡1小时，浸泡好的鱼控水，切成小块。
3 根据自家料理机容量分次搅成泥状。
4 加入盐、蛋清、芝麻油、葱姜水、淀粉后，充分搅匀。
5 一手端盆，一手刮起鱼泥连续摔打30次左右，直至呈胶质状。
6 一手抓起鱼泥握拳，从虎口挤出圆形状即可。

烹饪少油盐，身体更添活力

“少油少盐”被认为是健康饮食的标准，营养学会推荐每人每天烹调油的摄入量为25~30毫升，盐为5克，但由于习惯的影响，平时一不留神就可能使盐、油的用量超标。掌握以下几个小诀窍，就能轻松做到烹饪“少油少盐”。

烹饪少盐小窍门

用计量工具控制盐的用量

大多数口味过重的人很难做到烹饪少放盐，但是为了健康，还是要一点一点地纠正。人的味觉是逐渐养成的，口味重的人需要不断强化健康观念，改变烹饪、饮食习惯，在烹饪过程中以计量方式来减少食盐的用量，培养清淡口味。

对每天食盐摄入采取总量控制，即每天用盐量不多于6克，则一餐每人的食盐用量为2g，使用定量盐勺，或用量具量出，每餐按量放入菜肴。

警惕其他调料中的盐分

除了烹调用的盐，其他调味料中也含有食盐，特别是酱油、酱类。一般10毫升酱油中含有1.5克食盐，10克黄酱含盐1.5克。如果菜肴需要用酱油和酱类，应按比例减少烹调中的食盐用量。

出锅时再放盐

在烹制菜肴时不要过早加盐，等快出锅时再加盐，能够在保持同样咸度的情况下，减少食盐用量。

烹饪少油小窍门

用平底锅做菜

用平底锅做菜可减少“润锅”的油。圆底炒锅由于锅体受热不均，极易产生焦糊粘锅的现象，为防止粘锅，人们往往会大量用油。而平底锅受热均匀，油入锅稍转一下，就可以铺满整个锅，同时还大量减少了油烟的产生，使每滴油都用得恰到好处。

调整烹饪方式

营养学家指出，每日应使用低于20毫升的烹调用油，并多用蒸、煮、炖、拌等少油的烹饪方法。例如清蒸鱼、煮牛肉、炖豆腐、凉拌芹菜等。过油的菜肴应将油滴干后才进一步加工。

例如：青菜可以多用拌的方式，加入自己喜欢的调味酱，不但没有油，营养也很丰富；一些根茎类的蔬菜，比如土豆、红薯等，可以用蒸、煮的方法；茄子特别吸油，可以多用蒸的方式。

还有人喜欢吃烧烤食物或用微波炉烹调食物，这时应将肉类表面的油脂控完后再吃。

肉类先汆水再炒

肉类先汆烫可去脂肪，不易熟或易吸油的食材事先汆烫，再放入其他食材同煮或煎炒，可减少汤汁或油脂的吸入。

可以先把肉丝或肉片放上调料和水淀粉腌制一下，注意腌制时间要长一倍，然后再放入沸水中，用筷子迅速划散，捞出，接下来放入锅中，用小火煸炒，把肉里的脂肪“逼”出来。这样炒出来的肉不但用油少，而且特别香。

养成良好的饮食习惯，轻松成为百岁寿星

日常生活中除了要吃得健康、吃得营养，还要注意吃的方式，良好的饮食习惯有助于保持身体健康、控制体重、预防疾病的发生。本节主要介绍日常饮食的指导原则，饮食中遵循这些原则，有利于防病治病，轻松成为人人艳羡的百岁寿星。

饮食宜清淡

日常饮食宜清淡，宜高维生素、高纤维素、高钙、低脂肪、低胆固醇饮食。总脂肪小于总热量的30%，蛋白质占总热量15%左右。提倡多吃粗粮、杂粮、新鲜蔬菜、水果、豆制品、瘦肉、鱼、鸡等食物，提倡植物油，少吃猪油、油腻食品及白糖、辛辣食品、浓茶、咖啡等。

降低食盐量

食盐既是食物烹饪或加工食品的主要调味品，又能提供人体所需的营养素——钠。正常成人每天钠的建议摄入量为2000毫克，如果过多地摄入钠，就会使血压升高，对健康不利。因此，日常饮食要限制食盐在烹饪中的使用量，少吃高盐食品。人的味觉是逐渐养成的，口味重的人需要改变烹饪、饮食习惯，以计量方式（定量盐勺）减少食盐的用量，培养清淡口味。为控制食盐的摄入量，还应尽量少吃或不吃腌制食品。如果要食用腌制食品，应该学会阅读其包装上的营养成分标签，了解其中的钠含量，以便选择。

戒烟、限酒

烟草的有害成分包括尼古丁、烟焦油、一氧化碳等，吸烟可引起口腔癌、食道癌、肝癌、肺癌等。酒是一把“双刃剑”，每日饮用少量，能降低高血压及冠心病的患病率和病死率，改善情绪和睡眠，但如果无节制地饮酒，就会使食欲下降，容易患上酒精性脂肪肝等疾病，严重时还会造成肝硬化。

切忌不吃早餐

有些人为了减肥，经常节食。吃得少的人，特别是不吃早餐的人常容易疲乏犯困。早晨需要上学的学生或受上班时间限制的工薪人员，常常会不吃早餐。一两次不吃，久而久之成了习惯。早餐是启动大脑的“开关”。一夜酣睡，激素分泌进入低谷，储存的葡萄糖在餐后8小时就消耗殆尽，而人脑的细胞只能从葡萄糖这一种营养素获取能量。早餐如及时雨，能使激素分泌很快进入高潮，并为脑细胞提供能源。如果早餐吃得少，会使人精神不振，降低工作效率。

不要吃得过多

研究资料显示，若长期饮食过饱，可加速脑动脉硬化，容易引起老年性痴呆。为此，有关专家提醒大家，无论男女老少，其饮食都不宜过饱，特别是老年人应以七成饱为宜。

PART 2

谷物、豆类及豆制品

蛋白质的优质来源

谷物含有大量身体能量来源不可或缺的蛋白质、糖类。豆类热量低且蛋白质、矿物质丰富。豆腐、豆浆、腐竹等豆制品是由黄豆加工制成的，不仅蛋白质含量不减，而且提高了其消化吸收率，美味可口，促进食欲。

小米

富含胡萝卜素

小米中蛋白质、脂肪、碳水化合物这几种主要营养素含量很高，而且由于小米通常无须精制，因此保存了较多的营养素和矿物质，其中维生素B_1含量是大米的几倍，矿物质的含量也高于大米，小米还含有一般粮食中不含的胡萝卜素。

胡萝卜、小米都含有充足的胡萝卜素

胡萝卜丝蒸小米饭

分量：1人份

原料：

水发小米150克，去皮胡萝卜100克

调料：

生抽少许

做法：

1 洗净的胡萝卜切片，再切丝。
2 取一碗，加入洗好的小米。
3 倒入适量清水，待用。
4 蒸锅中注入适量清水烧开，放上小米。
5 加盖，中火蒸40分钟至熟。
6 揭盖，放上胡萝卜丝。
7 加盖，续蒸20分钟至熟透。
8 揭盖，关火，然后取出蒸好的小米饭。
9 淋上少许生抽即可。

含有丰富的胡萝卜素，可保护心血管

小米南瓜粥

分量：1人份 

原料：

水发小米90克，南瓜110克

调料：

盐2克

做法：

1 将洗净去皮的南瓜切厚片，再切条，改切成粒。

2 把南瓜装入盘中，待用。

3 锅中注清水烧开，倒入洗好的小米，搅匀。

4 盖上盖，烧开后用小火煮30分钟，至小米熟软。

5 揭盖，倒入南瓜，拌匀。

6 盖上盖，用小火煮15分钟，至食材熟烂。

7 揭盖，放入盐，用勺搅匀调味。

8 盛出煮好的粥，装入碗中即可。

营养小贴士

小米和胡萝卜中均含有丰富的胡萝卜素，胡萝卜素对心血管病及其他慢性病有治疗作用。

糙米

改善肠胃机能、净化血液

糙米中含有大量纤维素。而纤维素近年来已被证明具有减肥、降低胆固醇、通便等功能。因而糙米胚芽有改善肠胃机能，净化血液，预防便秘、肠癌及肥胖，帮助新陈代谢及排毒等作用。胚芽中的不饱和脂肪酸具有降低胆固醇、保护心脏的作用。

糙米中含有大量的纤维素，可促进排毒

酸菜糙米炒饭

分量：1人份

原料：

糙米饭300克，鸡蛋120克，酸菜20克，萝卜干5克，大葱、熟白芝麻各适量

调料：

芝麻油、胡椒粉、生抽各少许

做法：

1. 鸡蛋搅打成蛋液；酸菜、萝卜干洗净，切碎；大葱洗净，切花。
2. 锅置火上，倒入芝麻油烧热，放入酸菜、萝卜干拌炒。
3. 倒入糙米饭、蛋液，翻炒至金黄色，加入胡椒粉、生抽，炒匀调味。
4. 撒上葱花、熟白芝麻，炒匀，盛出装盘即可。

营养小贴士

糙米胚芽含有大量的纤维素和不饱和脂肪酸，是中老年人日常饮食的佳品。

营养素丰富多样，还有助于减肥

山药小麦粥

分量：1人份

原料：

水发大米90克
水发小麦40克
山药80克

调料：

盐2克

做法：

1 洗净去皮的山药切片，再切条形，改切成丁，备用。

2 砂锅中注入适量清水烧开，放入洗好的大米、小麦，放入山药，拌匀。

3 盖上盖，烧开后继续用小火煮约1小时。

4 揭开盖，加入少许盐，搅拌均匀，调味。

5 关火后盛出煮好的粥即可。

预防便秘和癌症

小麦的营养价值非常高，含有丰富的蛋白质、脂肪、维生素A与维生素C等，其中所含的不可溶性膳食纤维可以预防便秘和癌症。

营养小贴士

山药内含淀粉酶消化素，能分解蛋白质和糖，有减肥轻身的作用；小麦所含的B族维生素和矿物质对人体健康很有益处。这道菜适合体胖的人经常食用。

燕麦

增强体力，延年益寿

燕麦含有的钙、磷、铁、锌等矿物质有预防骨质疏松、促进伤口愈合、防止贫血的功效，是补钙佳品。燕麦中还含有极其丰富的亚油酸，对脂肪肝、糖尿病、浮肿、便秘等也有辅助疗效，对老年人增强体力、延年益寿也是大有裨益的。

降低胆固醇，保护心脑血管系统

玉米燕麦粥

分量：1人份

原料：

玉米粉100克，燕麦片60克

做法：

1 取一碗，倒入玉米粉，注入适量清水。

2 搅拌均匀，制成玉米糊。

3 砂锅中注入适量清水烧开，倒入燕麦片。

4 加盖，大火煮3分钟至熟。

5 揭盖，加入玉米糊，拌匀。

6 稍煮片刻至食材熟软。

7 关火后将煮好的粥盛出，装入碗中即可。

营养小贴士

燕麦含有丰富的膳食纤维，可降低胆固醇，维护心脑血管的健康；玉米中含有的维生素E能促进细胞分裂、延缓衰老、降低血清胆固醇，还能减轻动脉硬化和脑功能衰退。

富含纤维素的紫薯，让肠道倍感轻松

燕麦紫薯豆浆

分量：1人份 

原料：

紫薯55克，燕麦片15克，水发黄豆40克

调料：

冰糖适量

做法：

1 洗净去皮的紫薯切成厚片，再切粗条，改切成小块，备用。

2 将已浸泡8小时的黄豆倒入碗中，注入适量清水。

3 用手搓洗干净。

4 把黄豆倒入滤网，沥干水分。

5 把燕麦片、黄豆、紫薯、冰糖倒入豆浆机中。

6 注入适量清水，至水位线即可。

7 盖上豆浆机机头，选择“五谷”程序，再选择“开始”键，开始打浆，待豆浆机运转约15分钟，即成豆浆。

8 将豆浆机断电，取下机头，把煮好的豆浆倒入滤网，滤取豆浆。

9 再倒入备好的碗中，用汤匙撇去浮沫即可。

高粱

促进血液循环，缓解头痛

高粱中含的脂肪及铁较大米多。高粱的尼克酸含量不多，但却能为人体所吸收，尼克酸也称作维生素B_3，有较强的扩张周围血管的作用，可促进血液循环，用于缓解头痛、偏头痛、耳鸣、内耳眩晕等症。

富含维生素B_3，促进血液循环

杂豆高粱粥

分量：1人份

原料：

水发高粱175克，水发绿豆100克，水发黑豆50克，水发红豆30克，水发花豆65克

做法：

1 砂锅中注入适量清水烧热，倒入洗净的高粱、绿豆。

2 放入洗好的花豆、黑豆、红豆。

3 盖上盖，烧开后用小火煮约45分钟，至食材熟透。

4 揭盖，搅拌几下，关火后盛出煮好的粥。

5 将煮好的粥盛入小碗中，冷却后即可食用。

营养小贴士

这道粥含有丰富的蛋白质，可为机体代谢提供充足的营养，增强免疫力；高粱中的维生素B_3可促进血液循环，保护心脑血管。

丰富的植物蛋白，促进细胞新陈代谢

高粱小米豆浆

分量：1人份 

原料：

水发黄豆50克，水发高粱米40克，水发小米35克

做法：

1 将小米倒入碗中，倒入已浸泡8小时的黄豆，放入泡好的高粱米。

2 加入适量清水，用手搓洗干净。

3 将洗好的材料倒入滤网，沥干水分，再把材料倒入豆浆机中。

4 注入适量清水，至水位线即可。

5 盖上豆浆机机头，选择“五谷”程序，再选择“开始”键，开始打浆。

6 待豆浆机运转约20分钟，即打成豆浆。

7 将豆浆机断电，取下机头，把煮好的豆浆倒入滤网，滤取豆浆。

8 倒入备好的杯中，用汤匙撇去浮沫即可。

营养小贴士

这道豆浆含有丰富的植物蛋白，能增强记忆力，防治多种老年病的发生。

玉米

含纤维素，抑制脂肪吸收

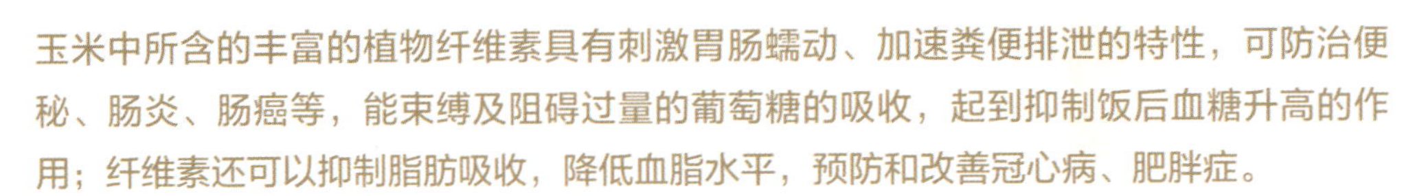
玉米中所含的丰富的植物纤维素具有刺激胃肠蠕动、加速粪便排泄的特性，可防治便秘、肠炎、肠癌等，能束缚及阻碍过量的葡萄糖的吸收，起到抑制饭后血糖升高的作用；纤维素还可以抑制脂肪吸收，降低血脂水平，预防和改善冠心病、肥胖症。

丰富的纤维素，可以抑制脂肪的吸收

马蹄玉米炒核桃

分量：1人份

原料：

马蹄肉170克，玉米粒90克，核桃仁50克，彩椒35克，葱段少许

调料：

白糖3克，盐2克，水淀粉、食用油各适量

做法：

1 洗净的马蹄肉切成小块；洗好的彩椒切成小块。

2 锅中注入适量清水烧开，倒入洗好的玉米粒，拌匀，煮至断生。

3 倒入马蹄肉，加入食用油拌匀，倒入彩椒，加入白糖拌匀，捞出焯煮好的食材，沥干水分，装入盘中。

4 用油起锅，倒入葱段，爆香，放入焯过水的食材，炒匀，放入核桃仁，炒匀炒香。

5 加入适量盐、白糖、水淀粉，翻炒均匀，至食材入味。

6 关火后盛出炒好的菜肴即可。

植物纤维素含量丰富，可促进排毒

红豆玉米饭

分量：1人份

633 千卡

原料：

鲜玉米粒85克，水发红豆75克，水发大米200克

营养小贴士

这道米饭植物纤维素含量丰富，食后消除肥胖人群的饥饿感，且含热量很低，是减肥的代用品之一。

做法：

1 砂锅中注入适量清水，用大火烧热。

2 倒入备好的红豆、大米，搅拌均匀，放入洗好的玉米粒，拌匀。

3 盖上盖，烧开后用小火煮约30分钟至食材熟软。

4 揭开锅盖，关火后盛出煮好的饭即可。

毛豆

降甘油三酯和胆固醇

毛豆中的脂肪含量明显高于其他种类的蔬菜，但其中以不饱和脂肪酸为主，如人体必需的亚油酸和亚麻酸，它们可以改善脂肪代谢，有助于降低人体中甘油三酯和胆固醇。毛豆中还含有丰富的食物纤维，不仅能改善便秘，还有利于血压和胆固醇的降低。

含优质的植物蛋白和动物蛋白

毛豆炒鸡肉

分量：1人份

原料：

毛豆、鸡腿肉各150克，虾仁、笋丁各100克，胡萝卜丁50克，辣椒、鲜香菇各40克，高汤、蛋清各适量

调料：

盐3克，胡椒粉、芝麻油各少许，料酒、食用油、水淀粉各适量

做法：

1 毛豆洗净，放入沸水锅中焯熟，捞出沥水；辣椒洗净，去籽，切成小块；香菇去柄洗净，切丁。

2 鸡肉切小丁，同虾仁一起用盐、胡椒粉、料酒、蛋清抹匀腌渍。

3 起油锅，烧至五成热，放入虾仁、鸡肉滑油，捞出沥油，待用。

4 锅底留油烧热，下辣椒、香菇、胡萝卜丁、笋丁，翻炒片刻，倒入高汤、毛豆、虾仁、鸡肉。

5 加入盐、胡椒粉调味，用水淀粉勾芡，淋上芝麻油，炒匀即可。

优质的蛋白质，为大脑补充营养

蒜香蚕豆炒饭

分量：1人份

原料：

白饭200克
蚕豆100克
大蒜1瓣

调料：

盐、胡椒粉各少许

做法：

1 蚕豆放清水中洗净；大蒜去衣，切成薄片。

2 将蚕豆放入沸水锅中焯熟，捞出沥水，待用。

3 把蒜片放入平底锅中稍炸，至散发出蒜香味。

4 倒入白饭和蚕豆继续拌炒，加入盐、胡椒粉调味，炒匀后关火，盛出即可。

蚕豆

有增强记忆力的作用

蚕豆中含有调节大脑和神经组织的钙、锌、锰、磷脂等重要成分，并含有丰富的胆石碱，有增强记忆力的健脑作用。蚕豆中的维生素C可以延缓动脉硬化。蚕豆皮中的粗纤维有降低胆固醇、促进肠蠕动的作用。

营养小贴士

蚕豆中的蛋白质含量丰富，且不含胆固醇，可以提高食品营养价值、改善记忆力、预防心血管疾病。

豌豆

预防高血压、糖尿病

豌豆含有铜、铬等多种微量元素，这些元素可促进脑部和骨骼的发育；铬则有利于维持胰岛素的平衡，有利于脂肪的代谢。此外，豌豆中还有防止动脉硬化的氨基酸和胆碱，而它的维生素C含量更是许多豆类中的冠军，常食有助于预防高血压、糖尿病等。

含丰富的微量元素，有益智健脑的功效

豌豆炒玉米粒

分量：1人份

原料：

胡萝卜95克，鲜玉米粒90克，豌豆80克，蒜末少许

调料：

盐3克，水淀粉、食用油各适量

做法：

1 洗净去皮的胡萝卜切丁。

2 锅中注入适量清水烧开，加入少许盐、食用油。

3 倒入洗净的玉米粒，搅拌匀，用大火煮沸，再放入胡萝卜丁，拌匀。

4 煮至沸，倒入洗净的豌豆，搅拌匀，煮约半分钟，至食材断生后捞出，沥干水分。

5 用油起锅，放入蒜末，爆香。

6 倒入焯过水的食材，大火翻炒至八成熟，转小火，加入盐调味。

7 再倒入适量水淀粉，用中火炒匀，至食材入味，关火后盛出炒好的食材，装在盘中即成。

改善食欲，促进消化吸收

纳豆味噌萝卜丝

分量：1人份

原料：

白萝卜200克
秋葵55克
纳豆100克
熟白芝麻适量
葱末少许

调料：

红味噌酱8克，盐、料酒、辣椒粉各少许

做法：

1 白萝卜去皮洗净，切丝；秋葵洗净，备用。

2 锅中注水煮沸，加入盐拌匀，下白萝卜、秋葵焯熟，捞出沥水。

3 秋葵晾凉后，切成斜片，与萝卜丝一同装盘，摆好。

4 纳豆切碎，加入红味噌酱、料酒调味，撒上葱末、辣椒粉拌匀。

5 将拌好的纳豆盛在萝卜丝上，最后撒上熟白芝麻。

含有许多生理活性物质

纳豆中除含有优质大豆蛋白质、碳水化合物、不饱和脂肪酸等营养成分外，还含有许多生理活性物质，如大豆卵磷脂、皂苷、纳豆激酶、纳豆菌、超氧化物歧化酶、胆碱、异黄酮、维生素E等，对人体具有全方位的保健作用。

营养小贴士

这道菜的营养丰富全面，可增强免疫力、预防慢性疾病、抗衰老。

黄豆

含大豆异黄酮，可抗衰老

黄豆富含大豆异黄酮，大豆异黄酮是一种结构与雌激素相似、具有雌激素活性的植物性雌激素，可延缓女性细胞衰老、使皮肤保持弹性、养颜、降血脂等。黄豆中的卵磷脂还具有防止肝脏内积存过多脂肪的作用，从而有效地防治因肥胖而引起的脂肪肝。

含优质的植物蛋白，帮助预防老年痴呆

黄豆小米粥

分量：1人份

原料：

小米120克，水发黄豆80克

调料：

盐2克

做法：

1 砂锅中注入清水烧开，倒入泡好的小米。

2 放入泡好的黄豆，拌匀。

3 加盖，用大火煮开后转小火续煮1小时至食材熟软。

4 揭盖，加入盐，拌匀调味。

5 关火后盛出煮好的粥，装在备好的碗中即可。

黄豆中含有特殊的成分异黄酮，能降低血压和胆固醇，可预防高血压及血管硬化。

富含异黄酮，能降低血压和胆固醇

番茄酱黄豆

分量：1人份

原料：

水发黄豆150克，西红柿95克，香菜12克，蒜末少许

调料：

盐2克，生抽3毫升，番茄酱12克，白糖4克，食用油适量

做法：

1 洗净的西红柿切瓣，再切成丁。

2 洗好的香菜切末。

3 锅中注入适量清水烧开，倒入黄豆，加入盐，煮1分钟。

4 把黄豆捞出，沥干水分，待用。

5 用油起锅，倒入蒜末，爆香。

6 倒入西红柿，翻炒片刻。

7 倒入焯过水的黄豆，炒匀。

8 加入少许清水，放盐。

9 放入生抽、番茄酱、白糖，炒匀调味。

10 盛出炒好的食材，装入盘中，撒上香菜末即可。

黄豆芽

减少乳酸堆积，消除疲劳

黄豆在发芽过程中，由于酶的作用，更多的钙、磷、铁、锌等矿物质元素被释放出来，增加了黄豆中矿物质的人体利用率。黄豆生芽后天门冬氨酯急剧增加，所以吃黄豆芽能减少体内乳酸堆积，消除疲劳。

富含多种矿物质，促进新陈代谢

凉拌黄豆芽

分量：1人份

原料：

黄豆芽100克，芹菜80克，胡萝卜90克，蒜末少许

调料：

盐3克，白糖4克，芝麻油2毫升，陈醋、食用油各适量

做法：

1 洗净去皮的胡萝卜切成片，再切成丝；择洗干净的芹菜切成段。

2 锅中注入适量清水烧开，放入盐，淋入少许食用油，倒入切好的胡萝卜，煮半分钟。

3 放入洗净的黄豆芽，倒入芹菜段，搅拌均匀，再煮半分钟，把焯好的食材捞出，沥干水分。

4 将焯过水的食材装入碗中，加入少许盐，撒入备好的蒜末，放入白糖、陈醋、芝麻油拌匀。

5 将拌好的食材装入盘中即可。

富含人体所需的优质植物蛋白

豆芽炒豆腐

分量：1人份 

原料：

豆腐200克，黄豆芽、韭菜、包菜各50克

调料：

食用油5毫升，芝麻油、生抽各3毫升，辣椒粉2克，盐少许

做法：

1 豆腐切块，放入热水中快速烫一下，捞出后以棉布包裹，压上重物，静置20分钟。

2 黄豆芽洗净；韭菜洗净，切段；包菜洗净，切丝。

3 锅置火上，倒入食用油烧热，下豆腐拌炒一会儿。

4 放入黄豆芽、包菜，加入生抽、盐，炒匀炒透。

5 放入韭菜快速拌炒，淋入芝麻油，撒上辣椒粉，炒匀即可。

营养小贴士

豆芽和豆腐中均含有人体所需的优质植物蛋白，且容易被人体吸收，有健脑、抗疲劳的作用。

豆腐

清除体内自由基，抗癌

豆腐中含有的皂苷能清除体内自由基，具有显著的抗癌活性，具有抑制肿瘤细胞生长、抑制血小板聚集、抗血栓的功效。豆腐的营养价值与牛奶相近，对因乳糖不耐症而不能喝牛奶，或为了控制慢性病不吃肉禽类的人而言，豆腐是最好的代替品。

萝卜与豆腐搭配，为身体补充丰富的矿物质

香煎豆腐萝卜泥

扫一扫看视频

分量：1人份

原料：

白萝卜50克，豆腐300克，紫苏2克，姜1片，葱花少许

调料：

食用油7毫升，白醋适量

做法：

1 白萝卜去皮洗净，下沸水煮熟，捞出，压成泥状；姜片拍成泥。

2 豆腐洗净，切厚片；紫苏洗净，切细丝。

3 豆腐下油锅煎至金黄色，盛出。

4 将萝卜泥、紫苏、姜泥、葱花与豆腐一起摆好盘，最后淋上白醋，撒上葱花。

营养小贴士

豆腐和富含维生素D的香菇搭配，有利于钙的吸收。

齐集预防骨质疏松症的3种食材，强健骨骼

豆腐油菜香菇浓汤

94 千卡

分量：1人份 

原料： 豆腐150克，香菇20克，油菜100克，生姜10克

调料： 料酒10毫升，盐1.5克，胡椒粉少许，水淀粉适量，芝麻油5毫升

做法：

1 油菜切开；香菇切去根部，再切成1厘米厚的片；生姜切细丝；豆腐切成1.5厘米厚的小方块。

2 锅中注入适量清水烧开，倒入切好的油菜和香菇，中火煮1分钟，加入料酒、盐、胡椒粉、生姜调味，加入水淀粉勾芡。

3 加入豆腐煮沸，倒入芝麻油拌匀即可。

富含维生素A和植物蛋白，营养相当均衡

西红柿拌豆腐

分量：1人份

原料： 西红柿100克，洋葱25克，豆腐200克，姜末3克

调料： 陈醋适量，芝麻油2.5毫升

做法：

1 豆腐沥干水分，切成1厘米厚的片；西红柿去蒂，切成两半，再切成半月形的片；洋葱切细丝，过凉水，用滤勺捞出，滤干水分；将陈醋、芝麻油、姜末放入小碗中拌匀，制成调味汁待用。

2 将豆腐和西红柿相互交叠摆盘，撒上洋葱丝，浇上调味汁即可。

营养小贴士

西红柿含有丰富的抗氧化剂，具有明显的美容抗皱效果。

油豆腐

抑制胆固醇的摄入

油豆腐富含优质蛋白、多种氨基酸、不饱和脂肪酸及磷脂等，铁、钙的含量也很高。油豆腐健脑的同时，还能抑制胆固醇的吸收。油豆腐中的大豆蛋白能显著降低血浆胆固醇、甘油三酯和低密度脂蛋白，不仅可以预防结肠癌，还有助于预防心脑血管疾病。

富含维生素和植物性蛋白质，可增强体质

西蓝花煮油豆腐

分量：1人份

原料：

西蓝花150克，油豆腐200克，西红柿100克，海带丝10克

调料：

料酒、味啉各23毫升，生抽15毫升

做法：

1 海带丝洗净，放入清水中浸泡5分钟，用滤勺捞出，沥干水分，泡海带的水留下备用。

2 西蓝花切小瓣，茎的部分去皮，切成适口的小块；西红柿切成不规则的薄片；油豆腐用厨房纸吸去表面油分，切小方块。

3 锅中倒入泡海带的水和西红柿，中火加热，盖上锅盖，煮5分钟，加入料酒、味啉、生抽调味，倒入海带丝、油豆腐、西蓝花，盖上锅盖，小火煮约10分钟，至西红柿变软，关火，静置至食材入味即可。

丰富多样的蘑菇和油菜搭配，可补钙、强筋健骨

油豆腐煮蘑菇

分量：1人份 

原料：

滑子菇、金针菇、平菇、油菜各100克，真姬菇、油豆腐各200克，白萝卜末、高汤各适量

调料：

料酒、生抽各20毫升，味啉10毫升，盐1.5克

做法：

1 滑子菇放入滤网中，冲洗干净；真姬菇切去根部颗粒部分，切开；金针菇切去根部；平菇切小瓣；油豆腐切小块；油菜切去根部，切成2~3等份。

2 锅中倒入高汤，中火煮沸，倒入料酒、生抽、味啉、盐拌匀，倒入处理好的食材煮熟，吃时蘸上白萝卜末即可。

营养小贴士

蘑菇具有除了酸甜苦辣咸之外的第六种味道——鲜味，当它与别的食物一起混合烹饪时，风味极佳，是很好的“美味补给”，且蘑菇的维生素D含量非常丰富，与富含钙的油豆腐搭配，有利于骨骼健康。

PART 3

为人体打造强健的体魄

蔬菜是人们日常饮食中必不可少的食物之一，可为人体提供所必需的多种维生素和矿物质。菌菇含有丰富的蛋白质和氨基酸，其含量是一般蔬菜和水果的几倍到几十倍。多吃蔬菜和菌菇，有利于塑造强健的体魄。

南瓜

含**果胶**，保护胃肠道黏膜

南瓜内含有维生素和果胶，果胶有很好的吸附性，能粘结和消除体内细菌毒素和其他有害物质，如重金属中的铅、汞和放射性元素，起到解毒作用。南瓜所含的果胶还可以保护胃肠道黏膜免受粗糙食品刺激，促进溃疡面愈合，适宜胃病患者食用。

促进骨骼的发育，防止骨质疏松

南瓜镶肉

分量：1人份

原料：

南瓜500克，鸡肉160克，笋丁、青豆各50克，干香菇15克，姜1片

调料：

生抽10毫升，白糖10克，食用油15毫升，干淀粉、水淀粉各适量

做法：

1 南瓜洗净，瓜蒂部分横切掉2～3厘米的厚度，挖掉瓜瓤、瓜籽，撒上薄薄的干淀粉；干香菇泡发洗净，切丁；姜片剁成细末；青豆放入沸水中煮熟，捞出沥水。

2 起油锅，下姜末炒香，放入鸡肉炒至变色，加入香菇、青豆、笋丁一起拌炒，加入生抽、白糖，炒匀调味，用水淀粉勾芡。

3 将鸡肉末填入南瓜中，盖上瓜蒂，上蒸笼蒸40分钟，取出，摘去瓜蒂，放凉后切成瓣状。

南瓜与富含维生素B_1的猪肉搭配出强身菜式

南瓜猪肉沙拉

313 千卡

分量：1人份

原料： 南瓜200克，猪肉片100克，洋葱50克

调料： 盐适量，胡椒粉少许，蛋黄酱15克，柠檬汁3毫升

做法：

1 南瓜去子和瓤，用保鲜膜包好，放入500瓦微波炉中加热3分30秒~4分钟，至南瓜皮变软；洋葱纵切丝。

2 锅中倒入热水煮沸，加入少许盐，依次将每片猪肉放入锅中，待猪肉变色，捞出，过凉水，沥干水分；将南瓜、洋葱、猪肉片放入碗中，加入柠檬汁、盐、胡椒粉拌匀，挤上蛋黄酱即可。

强化胃肠黏膜，并有一定的解毒作用

南瓜红豆芹菜汤

分量：1人份

原料： 南瓜200克，芹菜100克，海带20克，水发红豆140克

调料： 料酒、生抽各15毫升，味噌15克，盐少许

做法：

1 南瓜去子和瓤，切成1.5厘米厚的丁块；芹菜切1厘米厚的丁；海带切1厘米宽的小片。

2 锅中注入适量清水，加入海带，中火煮沸，加入芹菜，盖上锅盖，加热5分钟至芹菜熟透。

3 放入南瓜、红豆，加料酒、生抽、味噌，拌匀，盖上锅盖，小火煮约5分钟至南瓜变软，最后加入盐调味即可。

苦瓜

被誉为“脂肪杀手”

苦瓜中含有丰富的苦味苷和苦味素，被誉为“脂肪杀手”，能使脂肪和多糖减少。苦瓜中含有类似胰岛素的物质，有助于稳定血糖。苦瓜还含有一种蛋白脂类物质，它可同生物碱中的奎宁一起在体内发挥抗癌作用。

增强免疫力，提高机体防癌抗癌的能力

苦瓜猪肉蛋饼

分量：1人份

原料：

苦瓜150克，猪五花肉80克，鸡蛋180克，高汤30毫升

调料：

食用油10毫升，生抽5毫升

做法：

1 苦瓜洗净，去籽，切成薄片；洗好的猪五花肉切粒；鸡蛋打散，搅成蛋液。

2 平底锅中倒入食用油，烧热，下苦瓜、猪五花肉拌炒至熟。

3 将蛋液、高汤、生抽拌匀，倒入锅中，边炒边搅拌至变成半熟状。

4 待开始凝固后，慢慢将两面煎熟，用锅铲将蛋饼切块，盛出装盘。

营养小贴士

猪肉含有血红素（有机铁）和促进铁吸收的半胱氨酸，能改善缺铁性贫血。

富含维生素，清热解毒，夏天食用可预防中暑

猪肉味噌炒苦瓜

分量：1人份

原料：

猪肉、洋葱各100克，苦瓜180克

调料：

芝麻油15毫升，味噌22克，料酒、味啉各22毫升，生抽5毫升

做法：

1 苦瓜纵向切开，刮去瓤和子，切成5毫米厚的丝。

2 洋葱切成1厘米厚的半月形；猪肉切小块。

3 平底锅中倒入芝麻油烧热，倒入猪肉，炒至变色。

4 倒入洋葱和苦瓜，大火炒匀。

5 依次加入味噌、料酒、味啉和生抽，炒干水汽即可。

营养小贴士

苦瓜中的维生素C是加热后最不容易丢失的，其中的苦味成分有提高免疫力、预防糖尿病和抗癌的效果。

黄瓜

含**黄瓜酶**，促进新陈代谢

黄瓜中含有丰富的维生素E，可起到延年益寿、抗衰老的作用；黄瓜中的黄瓜酶有很强的生物活性，能有效地促进机体的新陈代谢；黄瓜中所含的丙醇二酸可抑制糖类物质转变为脂肪。

猪肉和黄瓜搭配，营养素充足

醋拌黄瓜肉片

204 千卡

分量：1人份

原料：

黄瓜200克，洋葱80克，猪肉50克，柴鱼片适量

调料：

白醋20毫升，生抽、芝麻油各7毫升，食用油适量，盐、胡椒粉各少许

做法：

1 黄瓜洗净，将瓜皮削成绿白相间的直纹状，再切成滚刀块；洋葱去衣，切丝；洗好的猪肉切片，备用。

2 平底锅中倒入食用油，烧热后下洋葱拌炒，炒至透明时加入猪肉，继续拌炒，至猪肉变色，放入黄瓜，拌炒片刻，盛出装盘。

3 将白醋、生抽、芝麻油、盐、胡椒粉拌匀，调成味汁，淋入盘中。

4 待盘中的菜晾凉，放入冰箱冷藏30分钟。

5 食用时撒上柴鱼片即可。

富含维生素P，保护血管，维持身体健康

油醋风味凉拌茄子

分量：1人份

原料：

茄子100克
大蒜10克
紫苏3克

调料：

橄榄油、白醋各10毫升，盐、胡椒粉各2克，食用油适量

做法：

1 茄子去蒂，洗净，切成8等份，用清水稍浸去除涩味，捞出，沥干水分。

2 紫苏洗净，切丝；大蒜去衣，拍成碎末，待用。

3 起油锅，烧至七成热，下茄子炸熟，捞出沥油，装盘。

4 将橄榄油、白醋、盐、胡椒粉、蒜末、紫苏拌匀，调成味汁，淋在茄子上。

5 待茄子晾凉后，放进冰箱冷藏30分钟即可。

茄子

增强毛细血管的弹性

茄子中维生素P的含量很高，每100克中即含维生素P750毫克，能增强人体细胞间的粘着力，增强毛细血管的弹性，降低脆性及渗透性，防止微血管破裂出血。

营养小贴士

醋、大蒜、茄子搭配，对心脑血管有较好的保护作用。

西红柿

含番茄红素，能抗癌

西红柿富含维生素C、芦丁、番茄红素及果酸，可降低血胆固醇，预防动脉粥样硬化及冠心病。西红柿中的番茄红素还具有独特的抗氧化能力，能清除自由基，保护细胞，使脱氧核糖核酸及基因免遭破坏，能阻止癌变进程。

富含番茄红素，有抗氧化、抗衰老的功效

西红柿酸奶沙拉

286 千卡

分量：2人份

原料：

西红柿440克，去皮土豆150克，去皮胡萝卜、黄瓜各100克，酸奶50克

调料：

盐、胡椒粉各3克，沙拉酱20克

做法：

1 洗净的西红柿、土豆、黄瓜、胡萝卜切丁。

2 热锅注水煮沸，放入西红柿，煮片刻，捞出。

3 将土豆放入沸水锅中，搅拌一会儿，盖上锅盖煮5分钟。

4 揭开锅盖，将煮好的土豆捞起，晾凉待用。

5 在盛有土豆的玻璃碗中放入胡萝卜、黄瓜、西红柿拌匀。

6 倒入酸奶、沙拉酱、盐、胡椒粉，搅拌均匀即可。

生菜中加入西红柿可强化维生素A的吸收

西红柿炒生菜

297 千卡

分量：1人份

原料： 西红柿、油豆腐各200克，生菜150克，生姜3~4片

调料： 食用油、料酒各10毫升，蚝油10克，酱油5毫升，水淀粉适量，芝麻油2.5毫升

做法：

1. 生菜拧成段；西红柿去蒂，切成8等份的半月形；油豆腐切成1.5厘米厚的块。
2. 平底锅中倒入食用油，烧热后放入生姜和生菜炒至变软，加水煮沸，倒入料酒、蚝油、酱油搅匀，倒入油豆腐、西红柿炒2~3分钟，加入水淀粉、芝麻油炒匀即可。

添加了富含维生素的谷物，营养更加丰富

杂谷浓菜汤

1631 千卡

分量：1人份

原料： 杂谷（黑米、红豆、黄豆、糯米）30克，洋葱、胡萝卜、菜豆各100克，西红柿250克，火腿3片

调料： 橄榄油10毫升，盐3克，胡椒粉少许

做法：

1. 洋葱、西红柿、火腿切丁；胡萝卜切扇形；菜豆切1厘米长的段；杂谷浸泡30分钟，入锅煮熟。
2. 锅中倒入橄榄油烧热，倒入洋葱、胡萝卜炒软，至油分浸入后，连水倒入煮好的杂谷和另外备好的清水，煮1~2分钟，加入西红柿、菜豆，盖上锅盖，续煮2~3分钟至菜豆变软，倒入火腿，加盐、胡椒粉调味，至谷物上色，盛入碗中即可。

红薯

营养最均衡的保健食品

红薯含有膳食纤维、胡萝卜素、维生素A、维生素B、维生素C、维生素E以及钾、铁、铜、硒、钙等10余种微量元素，营养价值很高，被营养学家们称为营养最均衡的保健食品。

富含纤维素，促进肠胃通畅，预防便秘

香烤红薯苹果

分量：1人份

原料：

红薯170克，苹果200克，葡萄干30克，奶油、肉桂粉各适量

调料：

白糖10克，淡盐水适量

做法：

1 红薯削皮，切成5毫米厚的圆片，泡水备用。

2 苹果洗净，带皮切成略薄的瓣状，用淡盐水稍泡。

3 葡萄干用温水泡开，备用。

4 在烤盘中涂上薄薄的奶油，将红薯、苹果、葡萄干、肉桂粉、白糖、奶油交互重叠起来。

5 最后将烤盘放入160℃～170℃的烤箱中烤20分钟。

营养小贴士

红薯可为身体补充丰富的β-胡萝卜素、维生素E。

含多种营养物质，为细胞代谢提供营养

芋头煮猪肉

分量：1人份

573 千卡

原料：

猪里脊肉150克，小芋头250克，胡萝卜100克，魔芋豆腐、豌豆各50克

调料：

味噌、食用油各适量，白糖10克，料酒10毫升，生抽7毫升

做法：

1 洗好的猪肉切小块；小芋头、胡萝卜去皮洗净，切滚刀块；魔芋豆腐洗净，切块；豌豆洗净。

2 将小芋头、胡萝卜、魔芋豆腐、豌豆分别放入沸水中稍烫，捞出沥水，备用。

3 锅中倒入食用油烧热，下猪肉拌炒片刻，加入小芋头、胡萝卜、魔芋豆腐一起拌炒。

4 将炒熟的猪肉、小芋头、胡萝卜、魔芋豆腐倒入筛网，用热水浇淋，去除油分，盛盘。

5 把白糖、料酒、生抽放入锅中，加适量清水煮沸，盖上锅盖，用中火煮至汤汁剩下一半，加入味噌继续熬煮片刻。

6 将煮好的味汁浇入盘中，最后撒上焯熟的豌豆。

芋头

可提高抗病能力

芋头中富含蛋白质、钙、磷、铁、钾、镁、钠、胡萝卜素、烟酸、维生素C、B族维生素、皂角苷等多种成分。芋头含有一种黏液蛋白，被人体吸收后能产生免疫球蛋白，或称抗体球蛋白，可提高机体的抵抗力。

白萝卜

促进食物消化吸收

白萝卜被称为“自然消化剂”，根茎部分含有淀粉酶及各种消化酵素，能分解食物中的淀粉和脂肪，促进食物消化，解除胸闷，抑制胃酸过多，帮助胃蠕动，促进新陈代谢，还有促进胃肠液分泌的作用，能让肠胃达到良好的状况。

富含多种维生素和矿物质，促进新陈代谢

海带萝卜汤

分量：1人份

原料：

猪腿肉50克，干海带25克，白萝卜100克，胡萝卜80克，干香菇30克，虾米少许，高汤适量

调料：

食用油、芝麻油各适量，料酒、白醋各10毫升，生抽5毫升

做法：

1 洗好的猪肉切小块；干海带、干香菇、虾米泡软洗净；海带切段；香菇切丝。

2 白萝卜、胡萝卜去皮洗净，切成1厘米厚的扇形片，下沸水焯至断生，捞出沥水。

3 锅中倒入食用油烧热，放入猪肉、虾米爆香，再加入香菇、海带同炒。

4 放入白萝卜、胡萝卜，快速拌炒，倒入泡虾米的水与适量高汤。

5 加入料酒、白醋、生抽，续煮10分钟，滴入芝麻油，拌匀即可。

营养美味，可预防老年痴呆症，缓解高血压

三文鱼萝卜米酒汤

分量：1人份

原料：

三文鱼200克，白萝卜150克，胡萝卜、大葱各50克

调料：

味噌15克，米酒50毫升

做法：

1 三文鱼切成适口的块；白萝卜切成5厘米长的长方形片；胡萝卜切成比白萝卜略薄的长方形片；大葱切成5厘米长的段。

2 锅中注水，倒入白萝卜、胡萝卜，中火加热，煮沸后倒入三文鱼，撇去浮沫，盖上锅盖，煮至蔬菜变软。

3 碗中倒入米酒、味噌。

4 加入少量锅中的汤汁，用勺子背碾碎，倒入锅中，放人大葱略煮即可。

营养小贴士

三文鱼中富含虾青素，甚至可去除脑中的氧化性物质。另外，米酒中含有可阻止血压升高的肽。

胡萝卜

抗氧化剂

胡萝卜中富含胡萝卜素，胡萝卜素在体内可转变成维生素A，在预防上皮细胞癌变的过程中具有重要作用。作为一种抗氧化剂，维生素A具有抑制氧化及保护机体正常细胞免受氧化损害的防癌作用，是骨骼正常发育的必需物质，有利于防止骨质疏松。

富含维生素A，经常食用可强健骨骼

胡萝卜奶油汤

分量：1人份

原料：

胡萝卜100克，洋葱130克，大米30克，香菜5克，奶油、清汤各适量，牛奶100毫升

调料：

盐、胡椒粉各少许

做法：

1 胡萝卜去皮洗净，切薄片；洋葱去衣，切丝；大米洗净，待用。

2 锅中倒入部分奶油烧热，放入胡萝卜、洋葱，拌炒至变软。

3 加入大米继续拌炒，炒至米粒呈半透明状，倒入清汤熬煮。

4 待胡萝卜熟透，关火冷却，将整锅食材连同汤汁一起用果汁机搅打成糊，倒入锅中。

5 加入牛奶，开火加热，加入盐、胡椒粉拌匀调味。

6 加入剩余的奶油，煮开后关火，盛出，最后撒上香菜末即可。

富含胡萝卜素，可缓解眼睛疲劳

胡萝卜肉酱饭

分量：1人份

175 千卡

原料： 胡萝卜200克，五花肉末、洋葱各100克，青椒2个，大蒜、生姜各5克，米饭适量

调料： 色拉油、生抽各15毫升，咖喱粉5克，盐2克，黑胡椒粉少许，番茄酱10克

做法：

1. 胡萝卜去皮洗净，切碎末；洋葱、青椒切成5毫米厚的丁；大蒜、生姜切碎末。
2. 锅中倒入色拉油、大蒜、生姜炒香，加入洋葱、五花肉末炒松散，加入胡萝卜、青椒炒匀，加入咖喱粉、盐、黑胡椒粉、番茄酱、生抽炒匀，盛入米饭碗中即可。

胡萝卜与醋搭配有缓解疲劳的作用

胡萝卜拌海苔

分量：1人份

原料： 胡萝卜100克，海苔4片

调料： 生抽、白醋各7毫升

做法：

1. 胡萝卜去皮，洗净，切成5厘米长的长方形片，放沸水中焯熟，捞出。
2. 海苔切丝，备用。
3. 胡萝卜放入碗中，加入生抽、白醋，拌匀，撒上海苔丝即可。

营养小贴士

胡萝卜中的维生素A和β-胡萝卜素有助于促进新陈代谢、缓解疲劳、恢复体力。

抗衰老的效果显著，颜色也相当丰富

黄彩椒胡萝卜汤

分量：1人份

原料：

黄彩椒、芦笋各150克，胡萝卜100克，培根2片

调料：

盐2克，胡椒粉少许

做法：

1 黄彩椒去蒂，去籽，切成1.5厘米厚的丁。

2 芦笋切去根部较硬部分，从根部5厘米处剥去皮，洗净，切成1.5厘米长的段。

3 胡萝卜洗净，去皮，切成2~3毫米厚的扇形。

4 锅中注入清水，倒入胡萝卜、培根，盖上锅盖，中火加热，待沸腾后转小火加热2~3分钟，煮至胡萝卜变软，倒入黄彩椒。

5 煮约5分钟至黄彩椒变软，待食材入味，加入芦笋略煮，加入盐、胡椒粉调味即可。

营养小贴士

这道菜同时使用了黄、红、绿三种颜色的蔬菜，营养价值较高，除含有多种维生素，还蕴藏丰富的钙、钾、铁等物质。

促进血液循环的橄榄油是本菜的关键

橄榄油煮胡萝卜

分量：1人份

80 千卡

原料： 胡萝卜200克，香叶1片

调料： 黑胡椒粒、孜然粉、盐各3克，橄榄油适量

做法：

1. 胡萝卜切成5毫米厚的圆片。
2. 小锅中加盐、黑胡椒粒、孜然粉、香叶，加入橄榄油，放入胡萝卜，小火加热。
3. 以不至于沸腾的温度（80~90℃）加热30分钟，放凉即可。

胡萝卜中富含维生素A，有护眼的作用

胡萝卜碎炒鸡蛋

分量：1人份

原料： 胡萝卜200克，鸡蛋185克，黄油7克，香芹碎末适量

调料： 盐、胡椒粉各少许，色拉油7毫升

做法：

1. 胡萝卜连皮一起切成碎末；鸡蛋打入碗中，加盐调匀。
2. 平底锅中倒入色拉油加热，倒入胡萝卜炒至变软，加盐、胡椒粉炒匀调味，加入黄油炒至溶化，倒入鸡蛋炒至成形。
3. 盛入盘中，撒上香芹碎末即可。

营养小贴士

蛋黄中含的卵磷脂可清除血管垃圾、预防脑血管疾病。

山药

改善脾胃消化吸收功能

山药所含的能够分解淀粉的淀粉糖化酶，是萝卜中含量的3倍，胃胀时食用，有促进消化的作用，可以消除不适症状，有利于改善脾胃消化吸收功能。山药含有黏液蛋白、淀粉酶、皂苷、游离氨基酸、多酚氧化酶等物质，有强健机体的作用。

酸酸甜甜的美食，可促进消化、缓解胃胀

蓝莓山药泥

分量：1人份

原料：

山药180克，柠檬片适量

调料：

蓝莓酱15克，白醋适量

做法：

1 将去皮洗净的山药切成块。
2 把处理好的山药浸入清水中，加少许白醋。
3 搅拌均匀，去除黏液。
4 将山药捞出，装盘备用。
5 把山药放入烧开的蒸锅中。
6 盖上盖，用中火蒸15分钟至熟。
7 揭盖，把蒸熟的山药取出。
8 把山药倒入大碗中，先用勺子压烂，再用木锤捣成泥。
9 取一个干净的盘，铺上柠檬片，摆好，放入山药泥。
10 再放上适量蓝莓酱即可。

有助于消化，一道非常清爽的凉菜

三文鱼柠汁渍山药

390 千卡

分量：1人份

原料： 三文鱼、山药各200克，葱花适量，柠檬汁20毫升

调料： 盐少许，胡椒粉5克，橄榄油适量

做法：

1 三文鱼用盐抹匀，腌渍1小时至入味，用清水洗净。

2 山药去皮，切薄片；三文鱼切薄片。

3 柠檬汁、橄榄油、胡椒粉倒入碗中，搅拌均匀，制成味汁。

4 将调好的味汁与山药、三文鱼一起拌匀，盛入盘中，撒上葱花即可。

富含黏液蛋白，可保护心血管系统

山药萝卜沙拉

161 千卡

分量：1人份

原料： 山药150克，白萝卜130克，柴鱼片适量，高汤30毫升

调料： 白醋适量，生抽、芝麻油各5毫升，盐少许

做法：

1 山药削皮，用清水加白醋浸泡30分钟，去除涩味。

2 白萝卜去皮洗净，切片；山药切成5厘米长的条状。

3 将高汤、白醋、生抽、芝麻油、盐拌匀，调成味汁。

4 把山药、白萝卜一起装盘，撒上柴鱼片，食用时淋入调好的味汁，拌匀即可。

莲藕

有助于减少脂类的吸收

莲藕中含有维生素和微量元素，尤其是维生素K、维生素C、铁和钾的含量较高；莲藕中含有黏液蛋白和膳食纤维，能与人体内胆酸盐、食物中的胆固醇及甘油三酯结合，使其从粪便中排出，从而减少脂类的吸收。

莲藕和猪肉搭配，有恢复元气的效果

猪肉莲藕豆浆汤

135千卡

分量：1人份

原料：

猪腿肉、洋葱各100克，莲藕200克，豆浆200毫升

调料：

料酒15毫升，生抽5毫升，盐2克

做法：

1 猪肉切成适口的块；洋葱切丝；莲藕切成7~8毫米厚的圆片，再切开，呈半月形。

2 锅中注水，倒入莲藕中火加热，煮沸后盖上锅盖，小火续煮5分钟至莲藕变软，倒入猪肉，撇去浮沫，加人洋葱，小火续煮5分钟至洋葱变软。

3 加入料酒、生抽、盐拌匀煮沸，加入豆浆，煮热即可。

营养小贴士

猪肉中富含的维生素B_1有缓解疲劳的效果。

口感鲜嫩、营养全面的美味小炒

芦笋炒鸡肉

分量：1人份 

原料：

鸡胸肉150克
芦笋120克
葱段少许
姜丝少许
高汤30毫升

调料：

食用油10毫升，料酒、盐、胡椒粉、白糖、淀粉各少许

做法：

1 洗好的鸡肉切小块，用料酒、盐、胡椒粉、淀粉抹匀，腌渍片刻至入味。

2 芦笋去皮洗净，切段，放入沸水中焯熟，捞出沥水。

3 锅中倒入食用油烧热，放入腌好的鸡肉，炒至变色后盛出，备用。

4 锅底留油烧热，下葱段、姜丝炒香，加入芦笋、鸡肉一起拌炒。

5 加入高汤、料酒、盐、胡椒粉、白糖、淀粉，快速炒匀，勾芡后即可盛盘。

营养小贴士

芦笋富含人体所需的氨基酸，可增强免疫力。

低糖、低脂肪食材

芦笋嫩茎含有丰富的蛋白质、维生素和矿物质元素等，营养物质不但全面，而且含量比较高。芦笋是低糖、低脂肪、高纤维素和高维生素食材，另外，芦笋蛋白质的氨基酸组成含量高，而且比例适当。

秋葵

人类最佳保健蔬菜之一

秋葵含有果胶、牛乳聚糖等，具有帮助消化、治疗胃炎和胃溃疡、保护皮肤和胃黏膜的功效，被誉为人类最佳的保健蔬菜之一。秋葵含丰富的维生素C和可溶性纤维，比较容易被人体吸收，有助于降低血糖，预防糖尿病。

蔬菜搭配牛肉，营养非常全面

秋葵牛肉卷

分量：1人份

原料：

秋葵55克，牛肉300克，蒜末13克

调料：

料酒10毫升，生抽5毫升，白糖、食用油、盐、胡椒粉各少许

做法：

1 秋葵用盐搓揉，去除绒毛，洗净后切成两段。
2 牛肉片摊开，撒上盐、胡椒粉。
3 在每片牛肉上放上秋葵，牢牢卷紧后用牙签固定。
4 锅中倒入食用油烧热。
5 放入备好的蒜末、牛肉卷，边转动边拌炒。
6 加入料酒、生抽、白糖炒匀。
7 将牛肉卷裹满酱汁，即可盛盘。

独特的黏性成分可预防代谢综合征

生抽渍秋葵

分量：1人份 

原料： 秋葵100克，生姜5克

调料： 生抽、味啉各25毫升，盐少许

做法：

1 秋葵切去首尾两端，抹上盐，洗净。

2 将秋葵放入密闭的塑料袋里，加入生抽和味啉。

3 生姜切丝，加入秋葵中拌匀，腌渍半日即可。

营养小贴士

秋葵的黏性成分含有水溶性纤维，可改善肠道，抑制血糖上升，降低血液中胆固醇浓度，比较适合应对代谢综合症。

可提高免疫力的低热量靓汤

秋葵海带汤

分量：1人份

原料： 秋葵70克，海带80克，滑子菇100克

调料： 酱油、料酒各15毫升，盐少许

做法：

1 秋葵洗净，切片；海带清洗干净，切成合适的片；滑子菇放滤网中，用清水冲洗干净，备用。

2 锅中倒入清水煮沸，倒入料酒、酱油，加入秋葵煮沸，加入滑子菇、海带略煮，加盐调味即可。

营养小贴士

秋葵和海带搭配，可为身体补充丰富的维生素和矿物质，增强免疫力。

西蓝花

有200种以上营养成分

西兰花营养丰富，含蛋白质、糖、脂肪、维生素和胡萝卜素，含200多种营养物质，营养成分位居同类蔬菜之首，被誉为“蔬菜皇冠”。西蓝花有防癌抗癌、增强机体免疫力的功效。

富含维生素K，能维护血管的韧性

焗烤双色花菜

分量：1人份

原料：

花菜、西蓝花各100克，洋葱、虾仁各50克，奶油适量，面包粉少许

调料：

白酒10毫升，盐、胡椒粉各少许

做法：

1. 花菜、西蓝花洗净，切小朵；洋葱去衣，切碎末；虾仁洗净，待用。
2. 锅中注水烧开，加入盐拌匀，下花菜、西蓝花焯熟，捞出沥水。
3. 锅置火上，放入奶油烧热，下洋葱拌炒一会儿，加入虾仁，继续拌炒。
4. 加入盐、胡椒粉、白酒、奶油，稍微煮开片刻。
5. 在烤盘中涂上薄薄的奶油，放入花菜、西蓝花，将洋葱、虾仁连同味汁一起浇在上面，撒上面包粉。
6. 将烤盘放入190℃的烤箱中烤10分钟，取出即成。

满满的维生素A，能迅速补充活力

凉拌西蓝花

分量：1人份

53 千卡

原料： 西蓝花150克，洋葱碎25克

调料： 生抽15毫升，陈醋8毫升，芝麻油5毫升，盐少许

做法：

1 西蓝花洗净，切小瓣。

2 锅中倒入适量清水烧开，加入少许盐，倒入西蓝花焯煮，用滤勺盛出。

3 生抽、陈醋、芝麻油、洋葱碎倒入小碗中拌匀，加入西蓝花中即可。

对心血管系统有保护作用的海鲜小炒

西蓝花炒墨鱼

分量：1人份

原料： 墨鱼100克，西蓝花150克

调料： 食用油、料酒各10毫升，白醋5毫升，咖喱粉、盐各少许

做法：

1 处理好的墨鱼打上十字花刀，切成块。

2 西蓝花洗净，切小朵，下沸水中焯熟，捞出沥水。

3 将料酒、白醋、咖喱粉、盐拌匀，调成味汁。

4 平底锅中倒入食用油烧热，放入墨鱼快速翻炒，待变色后放入西蓝花。

5 加入调好的味汁一起拌炒，炒匀后即可出锅。

包菜

含维生素U，可养胃护胃

包菜含有丰富的钾、叶酸，而叶酸是人体在利用糖分和氨基酸时的必要物质，是机体细胞生长和繁殖所必需的物质。包菜中富含维生素U，对胃溃疡有着很好的治疗作用，能加速创面愈合，是胃溃疡患者的食疗佳品。

营养素全面的开胃养胃菜

千层包菜

分量：1人份

扫一扫看视频

403 千卡

原料：

包菜150克，猪瘦绞肉100克，鸡蛋110克，胡萝卜、洋葱各50克，高汤100毫升，奶油适量

调料：

番茄汁适量，白酒10毫升，盐、胡椒粉、豆蔻粉各少许

做法：

1 洗好的包菜一片片剥下；去皮洗净的胡萝卜、洋葱切丁。

2 鸡蛋打散，搅打成蛋液，加入猪肉、胡萝卜、洋葱搅拌，用盐、胡椒粉、豆蔻粉调味，继续搅拌至黏稠为止。

3 将包菜放入沸水中焯熟，捞出待用。

4 锅的内侧涂上奶油，交互地叠上包菜、猪肉蛋糊，倒入白酒、高汤，盖上锅盖，加热至沸腾。

5 转中火煮30分钟，用锅铲分切成若干块，连同汤汁一起盛盘，最后淋上番茄汁。

富含钙和蛋白质，有强筋健骨的作用

白菜涮肉沙拉

分量：1人份

原料：

白菜100克
猪里脊肉50克
白萝卜50克
胡萝卜50克
葱白少许

调料：

花生酱适量，蜂蜜7克，鱼露、白醋各5毫升

做法：

1 白菜、葱白洗净，切丝；白萝卜、胡萝卜去皮洗净，切丝。

2 洗好的猪里脊肉切薄片，放入沸水中汆熟，捞出沥水。

3 将白菜铺在盘中，叠上汆过水的猪肉，再放上白萝卜、胡萝卜、葱白。

4 把花生酱、蜂蜜、鱼露、白醋拌匀，调成味汁，淋入盘中即成。

白菜

热量低，富含矿物质

白菜的水分含量约95%，而热量很低。一杯熟的白菜汁能提供几乎与一杯牛奶一样多的钙，所以很少食用乳制品的人可以通过食用足量的白菜来获得更多的钙。白菜中铁、钾、维生素A的含量也比较丰富。

营养小贴士

白菜含有丰富的粗纤维，能促进肠壁蠕动、帮助消化。

油菜

低脂肪蔬菜，可降血脂

油菜富含的β-胡萝卜素能强健皮肤与黏膜，维持免疫功能，食用100克油菜，就可以摄取到人体一天所需β-胡萝卜素的75%。油菜为低脂肪蔬菜，且含有膳食纤维，能与胆酸盐和食物中的胆固醇及甘油三酯结合，使其从粪便排出，从而减少脂类的吸收。

富含钙的营养美食，可强健骨骼和牙齿

油菜牛奶炖鸡肉

分量：1人份

原料：

鸡胸肉130克，油菜100克，牛奶100毫升，高汤80毫升

调料：

生抽、芝麻油各5毫升，盐、胡椒粉、水淀粉各少许

做法：

1 洗好的鸡肉切成小块；油菜用清水洗净。

2 平底锅中倒入高汤，煮沸，放入鸡肉煮熟。

3 倒入牛奶，加入生抽、盐、胡椒粉，拌匀调味，用水淀粉勾芡。

4 放入油菜稍煮片刻，最后淋上芝麻油即可。

营养小贴士

油菜所含钙量在绿叶蔬菜中为最高，同牛奶、鸡肉搭配有助于钙的吸收。

加入虾米，钙的含量倍增，更容易吸收

油菜虾米炒饭

分量：1人份

404 千卡

原料： 油菜200克，鸡蛋1个，热米饭1碗，虾米5克

调料： 盐、胡椒粉各适量，色拉油22毫升，生抽5毫升

做法：

1 油菜洗净，切碎末，用布挤干水分；鸡蛋打入碗中，加入少许盐、胡椒粉混匀。

2 平底锅中倒入7毫升色拉油烧热，倒入鸡蛋炒至成形，盛出。

3 平底锅中倒入剩下的色拉油烧热，倒入油菜，大火略炒，倒入米饭炒松散，放入虾米、鸡蛋，炒匀，加盐、胡椒粉调味，淋入生抽炒匀即可。

海藻和青菜，满满营养的超强组合

海带拌油菜

分量：1人份

原料： 海带50克，油菜200克，熟白芝麻少许

调料： 生抽10毫升，白砂糖3克，芝麻油5毫升

做法：

1 海带洗净，切片；油菜洗净，分切成茎和叶，沸水锅中先放入油菜的茎，接着再放叶，迅速焯水，注意不要煮过了。

2 油菜放入盘中晾凉，切成3厘米长的段，拧干水分。

3 生抽和白砂糖混匀，搅拌至白砂糖溶化，倒入熟白芝麻，制成味汁。

4 将切好的海带与油菜一同装盘，淋入芝麻油，倒入味汁拌匀即可。

菠菜

含铁，可改善缺铁性贫血

菠菜中含有大量的β-胡萝卜素和铁，也是维生素B_6、叶酸、铁和钾的极佳来源。其中丰富的铁对缺铁性贫血有改善作用，能令人面色红润、光彩照人，因此菠菜被推崇为养颜佳品。菠菜叶中含有铬，能使血糖保持稳定。

柔和的香辣，使肝脏恢复元气

菠菜咖喱汤

分量：1人份

原料：

鸡胸肉200克，洋葱100克，菠菜150克，面粉5克

调料：

色拉油10毫升，咖喱粉10克，盐2克，胡椒粉少许

做法：

1 鸡胸肉切成合适大小的片；洋葱切碎；菠菜切成4~5厘米长的段，从茎开始放入沸水中略煮，用滤网捞出，放凉，挤干水分。

2 锅中倒入色拉油烧热，倒入鸡肉和洋葱，中火略炒，炒至鸡肉变色，放入咖喱粉炒出香味，撒上面粉，炒至无粉末后续炒片刻。

3 锅中倒入2杯水，大火加热，搅匀煮沸，盖上锅盖，小火加热5分钟，中途搅拌数遍，煮至汤呈柔滑状态。

4 最后加入盐和胡椒粉调味，加入菠菜略煮，关火即可。

富含维生素E，延缓大脑老化，提高记忆力

花生酱拌菠菜

51 千卡

分量：1人份

原料： 菠菜130克

调料： 花生酱适量，白糖5克，生抽5毫升，盐少许

做法：

1 菠菜洗净，切段，放入加盐的沸水中快速烫一下，捞出沥水。

2 待晾凉，将菠菜切成4厘米长的段，装盘。

3 将花生酱、白糖、生抽拌匀，倒入盘中，再与菠菜拌匀即可。

足量的大蒜，可促进身体排出毒素

蒜香菠菜炒平菇

分量：1人份

原料： 菠菜200克，平菇100克，大蒜1瓣

调料： 食用油7毫升，胡椒粒少许，酱油15毫升

做法：

1 菠菜切成两段，茎纵向切开；平菇洗净；大蒜横切成薄片。

2 平底锅中倒入食用油，加入大蒜和胡椒粒，小火炒香，转大火，放入平菇，炒至粘在一起，接着依次放入菠菜的茎和叶，快速炒匀，淋入酱油炒匀即可。

营养小贴士

大蒜中的硫化物能通过增强机体免疫能力，阻断脂质过氧化，帮助身体排毒。

芥菜

提神醒脑，解除疲劳

芥菜含有丰富的维生素A、B族维生素、维生素C和维生素D，还含有大量的抗坏血酸，抗坏血酸是活性很强的还原物质，参与机体重要的氧化还原过程，能增加大脑中氧含量，激发大脑对氧的利用，有提神醒脑、解除疲劳的作用。

保护大脑，增强记忆力，预防老年痴呆

芥菜温泉蛋

分量：1人份

原料：

芥菜100克，鸡蛋120克

调料：

食用油10毫升，沙拉酱适量

做法：

1 芥菜洗净，切成2厘米长的段；鸡蛋洗净，备用。

2 锅中注入适量清水，烧开后降温至70℃～80℃，放入鸡蛋，水以淹没鸡蛋为好。

3 保持70℃～80℃的水温，25分钟后将鸡蛋捞出，放入冷水中冷却，即成温泉蛋。

4 锅中倒入食用油烧热，放入芥菜炒熟，盛盘。

5 将鸡蛋壳轻轻敲碎，打开鸡蛋，倒在芥菜上，最后淋上沙拉酱。

生菜加热后，膳食纤维更容易吸收

鱼糕煮生菜

分量：1人份

47 千卡

原料：

生菜150克
鱼糕2根

调料：

料酒10毫升，味啉、生抽各适量

做法：

1 生菜放入清水中洗净后捞出，沥干水分，拧成段。

2 鱼糕切成5毫米厚的片。

3 锅中倒入清水，大火烧开。

4 将备好的料酒、味啉、生抽倒入沸水锅中。

5 放入生菜、鱼糕搅匀。

6 盖上锅盖，煮约5分钟至食材变软。

7 关火，盛出即可。

生菜

富含膳食纤维和维生素C

生菜富含水分，每100克食用部分含水分高达94%~96%，故生食清脆爽口，特别鲜嫩。生菜中含有膳食纤维和维生素C，有消除多余脂肪的作用，故又叫减肥生菜。其茎叶中含有莴苣素，故味微苦，具有镇痛催眠、降低胆固醇等功效。

营养小贴士

生菜含纤维素，可促进肠道蠕动，帮助身体排毒；鱼糕含有丰富的蛋白质，可强身健体。

甜椒

防止脂肪积存，有助于减肥

甜椒中含丰富的维生素A、维生素B、维生素C、糖类、纤维素、钙、磷、铁等营养素，还含有丰富的维生素C和β-胡萝卜素，而且越红越多；甜椒中的椒类碱能够促进脂肪的新陈代谢，防止体内脂肪积存，从而达到减肥功效。

富含椒类碱，可促进新陈代谢

冰镇三色椒

分量：1人份

原料：

青圆椒、红甜椒、黄甜椒各50克，洋葱80克，月桂叶2片，蒜末、柠檬汁各少许

调料：

白酒20毫升，橄榄油10毫升，盐、胡椒粉、香菜粉各少许

做法：

1 青圆椒、红甜椒、黄甜椒洗净，切开去籽，再切成条；洋葱去衣，切成薄片。

2 锅中倒入橄榄油烧热，放入处理好的青椒、甜椒、洋葱、蒜末，拌炒片刻。

3 加入白酒、柠檬汁、月桂叶、香菜粉、盐、胡椒粉，用大火煮至水分收干。

4 关火，直接在锅中放凉，盛入盘中，再放进冰箱冰镇30分钟。

富含维生素C，可稳定血糖，降低血脂

魔芋烩时蔬

分量：1人份

原料：

魔芋豆腐150克
胡萝卜50克
荷兰豆20克
玉米笋60克
高汤100毫升

调料：

白糖、料酒、芝麻油、盐、生抽、水淀粉各少许，食用油适量

做法：

1 魔芋豆腐洗净，切成5毫米厚的块状，并在中央划出一道切口，将其中一段从切口穿入拉出，编成麻花状。

2 胡萝卜去皮洗净，切长条；荷兰豆洗净，撕去老筋，切成两段；玉米笋洗净，切成两段。

3 将魔芋豆腐放入热水中稍烫，捞出待用。

4 锅中倒入高汤煮开，放入魔芋豆腐、胡萝卜、荷兰豆、玉米笋煮熟，加入白糖、盐调味，盛出装盘。

5 另起油锅，将料酒、芝麻油、生抽炒成味汁，用水淀粉勾芡，盛出浇入盘中即可。

魔芋

可抑制餐后血糖升高

魔芋所含的葡甘聚糖能有效抑制小肠对胆固醇、胆汁酸等脂肪分解物质的吸收，促进脂肪排出体外，降低血清中甘油三酯和胆固醇总量。魔芋还含有可溶性膳食纤维，这种纤维对抑制餐后血糖升高有较好的作用。

香菇

可调节免疫功能

香菇中的香菇多糖是一种宿主免疫增强剂，临床与药理研究表明，香菇多糖具有抗病毒、抗肿瘤、调节免疫功能和刺激干扰素形成等作用。香菇的水提取物对体内的过氧化氢有清除作用。

可提高免疫力，适合搭配米饭的小炒菜

香菇炒油豆腐

分量：1人份

原料：

香菇、油菜各100克，油豆腐200克，银鱼干10克，熟黑芝麻5克

调料：

芝麻油10毫升，料酒5毫升，盐1.5克

做法：

1 油豆腐切成小方块。

2 香菇切去根部颗粒部分，再切成厚片；油菜茎叶分开，切成5厘米长的段。

3 平底锅中倒入5毫升芝麻油，烧热后倒入油豆腐，炒匀至上色，关火，盛出。

4 倒入剩下的芝麻油，加热后倒入香菇，大火炒匀，按先茎后叶顺序倒入油菜，炒至变软，加入炒好的油豆腐，顺着锅沿倒入料酒，撒上盐炒匀，倒入银鱼干、熟黑芝麻炒匀即可。

富含香菇多糖和优质蛋白质，有助于提高免疫力

香菇蒸鹌鹑蛋

分量：1人份

原料：

鲜香菇150克，鹌鹑蛋90克，红枣少许，葱花2克

调料：

盐2克，蒸鱼豉油5毫升

做法：

1 将洗净的香菇去除菌柄；红枣洗净去核，切碎。

2 香菇铺放在蒸盘中，摆开，再打入鹌鹑蛋。

3 撒上2克盐，点缀上红枣，待用。

4 备好电蒸锅，倒入适量清水，烧开水后放入蒸盘。

5 盖上盖，蒸约20分钟，至香菇、鹌鹑蛋熟透。

6 断电后揭盖，取出蒸盘。

7 趁热淋上蒸鱼豉油，撒上2克葱花即可。

营养小贴士

这道菜具有增强免疫力的作用，可通过增强机体的免疫功能而达到抗肿瘤、抗癌的目的。

金针菇

富含氨基酸，可增强记忆力

金针菇具有低热量、高蛋白、低脂肪、多糖、多种维生素的营养特点。金针菇中氨基酸含量高，对促进智力发育、增强记忆力有益，是老年人延年益寿、增强记忆力的佳品，在多国被誉为“益智菇”。

开胃的下饭菜，有助于提高免疫力

白酒蒸金针菇

分量：1人份

原料：

金针菇200克，香菜末3克

调料：

橄榄油、白酒各10毫升，盐、胡椒粉各少许

做法：

1 金针菇洗净，切除根部颗粒状部分，掰开。

2 锅中倒入橄榄油烧热，放入金针菇略炒，加入盐、胡椒粉，炒匀调味。

3 将金针菇盛入盘中，淋入白酒。

4 盖上锅盖，蒸2~3分钟，取出后撒上香菜末即可。

营养小贴士

金针菇中含有一种叫朴菇素的物质，能增强机体对癌细胞的抗御能力，常食金针菇还能降胆固醇，防病健身。

富含铁，可防治缺铁性贫血

蒜泥黑木耳

分量：1人份

原料：

水发黑木耳60克
胡萝卜80克
蒜泥少许
葱花少许

调料：

盐、白糖各3克，生抽4毫升，芝麻油2毫升，食用油适量

做法：

1 洗净去皮的胡萝卜用斜刀切段，改切成片。

2 洗好的黑木耳切成小块，备用。

3 锅中注入适量清水烧开，放入少许盐，倒入适量食用油。

4 倒入黑木耳，搅散，煮至沸。

5 加入胡萝卜片，拌匀，煮至食材熟透。

6 捞出焯煮好的黑木耳和胡萝卜，沥干水分，待用。

7 将黑木耳和胡萝卜装入碗中，放入适量盐、白糖。

8 倒入蒜泥，撒上葱花。

9 淋入适量生抽、芝麻油。

10 用筷子拌至入味，盛出拌好的食材，装入盘中即可。

黑木耳

可防治缺铁性贫血

黑木耳被营养学家誉为“素中之荤”和“素中之王”，每100克黑木耳中含铁185毫克，它比绿叶蔬菜中含铁量最高的菠菜高出20倍，可防治缺铁性贫血，减少血小板凝块，预防血栓的形成，预防动脉粥样硬化和冠心病的发生。

PART 4

畜肉、禽蛋及乳制品

为人体供给蛋白质和脂肪

畜肉的主要营养素为蛋白质、脂肪，是供应人体生理运作的能量来源。禽蛋是餐桌上不可或缺的养生佳品，其所含的丰富蛋白质能增加饱腹感。牛奶、酸奶、奶酪等乳制品富含钙质，用其入馔能为菜肴增添营养。

猪肉

提供必需的脂肪酸

猪肉为人类提供优质蛋白质和必需的脂肪酸。猪肉可提供血红素（有机铁）和促进铁吸收的半胱氨酸，能改善缺铁性贫血。猪肉是维生素的主要膳食来源，特别是精猪肉中维生素B_1的含量丰富。猪肉中还含有较多的对脂肪合成和分解有重要作用的维生素B_2。

芹菜可缓解猪肉的油腻，防止血压升高

芹菜炒猪肉

分量：1人份

原料：

猪腿肉150克，芹菜100克，姜末、蒜末各少许

调料：

料酒、食用油各10毫升，淀粉5克，生抽、盐、胡椒粉各少许

做法：

1 洗好的猪肉切成小丁，用料酒、生抽腌渍10分钟，拍上淀粉；芹菜洗净，去除筋丝，切成小段，备用。

2 锅中倒入食用油烧热，加入猪肉拌炒，下姜末、蒜末炒香，待猪肉炒至变色，加入芹菜拌炒片刻。

3 撒上盐，用生抽、胡椒粉调味，炒匀即可。

营养美味，富含维生素和矿物质

南瓜猪肉煎饼

1219 千卡

分量：2人份

原料： 南瓜300克，猪肉末150克，韭菜100克，面粉80克

调料： 生抽8毫升，白醋5毫升，食用油适量

做法：

1 洗净的韭菜切碎末；南瓜去皮，切片。

2 将猪肉末、韭菜末加以混合，以同一方向搅动至黏糊状。

3 取两片南瓜，各粘少量面粉，再于一片的上方放入韭菜肉末，然后盖上另一片。

4 锅中注油烧热，将南瓜猪肉煎至两面微焦，盛盘。

5 将生抽、白醋调成味汁，淋入盘中即可。

富含维生素B_1和天冬氨酸，可缓解疲劳

猪肉芦笋卷

分量：1人份

原料： 猪腿肉片100克，鲜芦笋150克

调料： 色拉油7毫升，料酒、味啉、生抽各10毫升，白砂糖适量

做法：

1 芦笋切去根部1厘米部分，从根部5厘米处削去皮，切成两段；猪肉片横放，斜放上芦笋，从手边开始，将芦笋卷起。

2 平底锅中倒入色拉油烧热，将猪肉芦笋卷一终端的一边放入锅中，中火加热2~3分钟，翻面，加热至猪肉芦笋卷全部变色。

3 加入料酒、味啉、生抽、白砂糖，晃动平底锅使食材入味，盛入盘中即可。

白萝卜和油菜可抗皮肤和血管老化

肉丸火锅

分量：1人份

原料：

猪肉末200克，油菜100克，白萝卜400克，海带20克，大葱末15克，生姜末6克，鸡蛋1个，柠檬汁适量

调料：

料酒30毫升，盐、淀粉各5克，生抽适量

做法：

1 将猪肉末、大葱末、3克生姜末、鸡蛋、15毫升料酒、2克盐、淀粉和2杯水倒入大碗中，搅拌至黏稠状态，分成8等份，捏成肉丸；生抽、柠檬汁和3克生姜末拌匀，制成佐料。

2 油菜洗净；白萝卜洗净，切片；海带洗净，切片。

3 锅中倒入水和海带，中火加热，煮沸后加入15毫升料酒和3克盐，依次放入肉丸子，撇去浮沫，煮至肉丸子浮上来。

4 加入油菜、白萝卜片，煮熟后盛出，食用时蘸佐料即可。

营养小贴士

油菜有促进血液循环的功效；白萝卜含有丰富的维生素A、维生素C、淀粉酶，可分解致癌物亚硝胺。

抗脑老化的咖喱粉和抗氧化能力超强的蔬菜

猪肉咖喱汤

分量：2人份

原料： 猪肉150克，胡萝卜80克，金针菇、洋葱各100克，菠菜200克，水发海带20克

调料： 色拉油5毫升，咖喱粉5克，料酒、味啉、生抽各25毫升，盐2克，水淀粉适量

做法：

1 洋葱切宽丝；胡萝卜切圆片；菠菜切去根部，切两段；金针菇去根部；猪肉切片。

2 锅中倒入色拉油和咖喱粉炒香，加水和海带，煮沸后加入料酒、味啉、生抽、盐，再次煮沸，加水淀粉略煮，倒入洋葱、菠菜、金针菇、胡萝卜、猪肉，煮熟即可。

富含维生素B_1，有助于改善体质

洋葱姜烧猪排

分量：1人份

原料： 猪里脊肉160克，洋葱75克，姜丝、蒜末各少许

调料： 醋20毫升，姜汁8毫升，生抽、盐、白糖各少许，食用油适量

做法：

1 洋葱洗净，对半切开，再切丝，放入加盐的沸水中稍烫，捞出晾凉，用醋腌至入味。

2 洗好的猪肉断筋，用醋、生抽、姜汁、蒜末抹匀，腌渍15分钟。

3 平底锅注油烧热，放入姜丝，下猪肉煎至两面焦黄上色，盛出。

4 转小火，放入醋、生抽、姜汁、白糖煮沸，猪肉回锅裹上酱汁。

5 将猪肉盛盘，放上洋葱即可。

鲜浓可口、改善食欲的美味靓汤

猪肉味噌汤

分量：2人份 

原料：

猪肉、豆腐、魔芋豆腐各100克，小芋头120克，白萝卜130克，胡萝卜80克，葱段少许，高汤750毫升

调料：

味噌适量，芝麻油8毫升

做法：

1 洗好的猪肉切薄片；豆腐挤干水分，切块。

2 小芋头、白萝卜、胡萝卜去皮洗净，切成圆片。

3 魔芋豆腐洗净，切成小块，放入沸水中略烫，捞出沥水。

4 锅中倒入芝麻油烧热，下猪肉拌炒至变色。

5 放入豆腐、小芋头、白萝卜、胡萝卜一起拌炒。

6 倒入高汤和一半味噌，边煮边捞出浮渣。

7 待材料变软后，加入魔芋豆腐，放入剩余的一半味噌，煮溶，沸腾前加入葱段即可。

原料：

猪排骨280克，白菜350克，大葱（青色部分）、生姜皮、小葱花、生姜末各适量

调料：

料酒25毫升，盐3克，豆瓣酱适量

营养小贴士

排骨中富含胶原蛋白，可促进皮肤组织的新陈代谢，对皮肤产生良好的消皱美容作用。

做法：

1 猪排骨洗净，切块；大葱洗净，切段；猪排骨放入沸水中略煮，用滤网捞出，倒入锅中，加入清水、大葱、生姜皮，中火加热，煮沸后撇去浮沫，加入料酒，盖上锅盖，小火煮50~60分钟至肉变软。

2 白菜切去心，大的叶子纵切成两半。

3 锅中倒入切好的白菜，加入盐，大火加热，盖上锅盖，煮至锅盖响动后转小火，续煮30分钟至白菜变软，将煮好的菜肴盛碗。

4 将小葱花、生姜末、豆瓣酱拌匀，制成蘸酱，食用时蘸酱即可。

牛肉

含**肌氨酸**，可增强体力

牛肉中的肌氨酸含量比其他任何食品都高，这使它对增长肌肉、增强力量特别有效。蛋白质需求量越大，饮食中所应该增加的维生素B_6就越多，而牛肉含有足够的维生素B_6，可帮助增强免疫力，促进蛋白质的新陈代谢和合成，从而有助于体力的恢复。

提供优质蛋白质，可促进身体新陈代谢

半熟牛排

分量：1人份

扫一扫看视频

原料：

牛腿肉200克，白萝卜、洋葱、黄瓜各50克，蒜片、蒜泥、姜泥、葱花各少许

调料：

食用油适量，红酒80毫升，盐、胡椒粉各少许

做法：

1 黄瓜、洋葱洗净，切丝；白萝卜去皮洗净，部分切丝，余下的磨成泥。

2 将蒜泥、洋葱丝、红酒混合调成腌汁，放入牛肉腌渍半天，沥干汁液，撒上盐、胡椒粉。

3 平底锅中倒入食用油烧热，放入牛肉煎至五成熟。

4 把白萝卜丝、黄瓜丝摆好盘；牛肉切成1厘米的厚度，盛盘，撒上葱花；将萝卜泥、姜泥装入味碟，即可蘸食。

鲜嫩玉米搭配牛肉，可增强免疫力，改善体质

焗烤玉米牛肉

分量：1人份

原料：

洋葱150克，西红柿160克，牛绞肉170克，熟玉米粒100克，大蒜1瓣，牛奶100毫升，面粉、奶油各适量，葱花少许，乳酪40克

调料：

盐、胡椒粉各少许

做法：

1 洋葱、大蒜去衣，切成碎末；西红柿去蒂洗净，去皮去籽，切小丁。

2 锅置火上，倒入奶油，用小火炒至溶化，加入洋葱末、蒜末拌炒。

3 放入牛肉，炒至肉末变成松散状，加入面粉继续拌炒，再把牛奶一点一点地倒入。

4 待变成糊状，加入玉米粒、西红柿、盐、胡椒粉，炒匀，即成牛肉奶糊。

5 在烤盘中涂上薄薄的奶油，倒入炒好的牛肉奶糊，铺上乳酪。

6 放入200℃的烤箱中烤15分钟，取出后撒上葱花即可。

鸡肉

蛋白质的优质来源

鸡肉和猪肉、牛肉比较，其蛋白质含量较高，脂肪含量较低。此外，鸡肉蛋白质中富含人体必须的氨基酸，为优质蛋白质的来源。鸡肉含有较多的不饱和脂肪酸——亚油酸和亚麻酸，能够降低对人体健康不利的低密度脂蛋白胆固醇的含量。

富含维生素C，预防感冒的效果好

红薯鸡肉

分量：1人份

原料：

红薯300克，鸡胸肉250克，真姬菇100克

调料：

料酒15毫升，生抽13毫升，色拉油、味啉各10毫升，白砂糖2.5克

做法：

1 鸡肉去脂后切成适口的块，加5毫升料酒、生抽拌匀，腌渍；红薯切成不规则的大块，洗净，沥干水分；真姬菇切去根部颗粒部分。

2 平底锅中倒入5毫升色拉油，烧热后倒入红薯炒匀，盖上锅盖，中间翻炒数次，炒5分钟至变色。

3 倒入剩下的色拉油烧热，倒入鸡肉，鸡皮朝下，煎至变色后翻面，倒入真姬菇炒匀，加水煮沸，倒入白砂糖、10毫升料酒、10毫升味啉、5毫升生抽，炒匀，盖上锅盖煮10分钟，至红薯变软，揭开锅盖，大火炒至汤汁变少，盛出即可。

为身体提供较容易吸收的优质蛋白质

鸡肉酸奶咖喱汤

分量：3人份  

256 千卡

原料： 西红柿150克，酸奶50克，鸡腿肉、西蓝花、洋葱各200克，大蒜、生姜各3克，葡萄干适量

调料： 色拉油10毫升，咖喱粉5克，盐3克，胡椒粉少许

做法：

1 鸡腿肉切块；西蓝花切小块，焯水后捞出；洋葱切碎；西红柿切丁；大蒜、生姜切末。

2 锅中倒入色拉油烧热，倒入洋葱、大蒜、生姜、咖喱粉，炒出香味，加入鸡肉炒至变色，锅中倒入2杯水，加入西红柿搅匀，煮沸，加盐、胡椒粉，加入西蓝花、酸奶煮沸，盛入碗中，撒上葡萄干即可。

橄榄油和红椒搭配，可促进血液循环

风味鸡肉炒萝卜

分量：1人份

原料： 鸡腿肉、香菇各150克，白萝卜300克，大蒜10克，红椒60克

调料： 盐、胡椒粉各适量，橄榄油15毫升

做法：

1 白萝卜洗净，切成半月形的片；鸡腿肉切成适口的块，抹上少许盐和胡椒粉腌渍；香菇切去根部，再切成丝；大蒜切末；红椒洗净，切片。

2 平底锅中倒入橄榄油烧热，加入大蒜、红椒炒香，鸡肉皮朝下放入锅中，放入白萝卜、香菇，用大火炒匀，加入2克盐和少许胡椒粉调味即可。

五色俱全、营养丰富的美味大餐

杂菜鸡肉锅

分量：2人份 

原料：

带骨鸡腿肉430克，白菜100克，茼蒿、胡萝卜、鲜香菇各50克，豆腐150克，干海带适量，葱白丝、葱花、姜泥各少许

调料：

陈醋10毫升，盐少许

做法：

1 洗好的鸡肉和豆腐分别切块；白菜、茼蒿洗净，切段；鲜香菇去蒂，洗净，切丝。

2 干海带泡发洗净，切成宽条；胡萝卜去皮洗净，切成5毫米厚的圆片，下沸水稍烫，捞出备用。

3 在砂锅中放入海带、鸡肉与适量清水，开火加热，煮沸后转小火，边煮边捞出浮渣，并加盐调味。

4 将白菜、茼蒿、胡萝卜、鲜香菇、豆腐放入砂锅中一起烹煮，直到食材全部煮熟。

5 把葱白丝、葱花、姜泥和陈醋拌匀，制成味碟，食用时蘸取即可。

营养小贴士

白菜富含纤维素，可清除血液垃圾；豆腐富含植物蛋白质，有助于提高免疫力。

直接从新鲜的胡萝卜中吸收酵素

胡萝卜拌鸡肉丝

273 千卡

分量：1人份

原料：去皮鸡肉、胡萝卜各200克

调料：料酒15毫升，盐1克，蛋黄酱15克，生抽7毫升，胡椒粉少许，柠檬汁5毫升

做法：

1 鸡肉洗净，放入耐热容器中，抹上料酒和盐，包上保鲜膜，放入微波炉中以500瓦加热3分钟，取出放凉待用。

2 胡萝卜洗净，切丝，放入碗中，加入蛋黄酱、生抽、盐、胡椒粉、柠檬汁拌匀。

3 将鸡肉撕成细长条，加入胡萝卜中，拌匀即可。

炖煮过后，更有助于胶原蛋白的消化吸收

萝卜炖鸡翅

分量：1人份

原料：鸡翅170克，白萝卜250克，姜1片，高汤300毫升，薄荷叶少许

调料：食用油10毫升，白糖8克，生抽3毫升，盐少许

做法：

1 白萝卜洗净，切成瓣状；洗好的鸡翅用盐稍腌。

2 锅中倒入食用油烧热，下入备好的姜片炒出香味，放入鸡翅，将两面煎熟。

3 放入白萝卜，倒入高汤，边煮边捞出浮沫，煮至白萝卜变软。

4 加入白糖、生抽、盐，拌匀，煮至入味，盛出装盘，装饰上薄荷叶即可。

鸡蛋

鸡蛋几乎含有人体必需的所有营养物质，如蛋白质、脂肪、卵黄素、卵磷脂、维生素和铁、钙、钾，被人们称作“理想的营养库”。鸡蛋中的蛋白质对肝脏组织损伤有修复作用，蛋黄中的卵磷脂可促进肝细胞的再生。

颜色搭配丰富、营养物质全面的小炒美食

青椒西红柿炒蛋

分量：1人份

原料：

鸡蛋180克，黑木耳10克，青椒50克，西红柿160克，葱段少许

调料：

食用油15毫升，醋5毫升，料酒、盐、胡椒粉各少许

做法：

1 黑木耳泡发洗净，切小片；青椒、西红柿洗净，去蒂去籽，切滚刀块。

2 鸡蛋打散，搅打成蛋液，加入料酒、盐、胡椒粉拌匀，备用。

3 锅中倒入一半食用油烧热，加入蛋液，煎成松软的炒蛋状，盛出，备用。

4 将另一半食用油倒入锅中，下葱段、黑木耳、青椒拌炒。

5 炒蛋回锅，加入西红柿，用盐、胡椒粉、醋炒匀调味即可。

膳食纤维非常丰富，嫩滑细腻的鸡蛋很有吸引力

西红柿木耳生菜蛋汤

分量：1人份

原料：

西红柿150克，干木耳15克，生菜30克，鸡蛋1个

调料：

料酒15毫升，盐2克，胡椒粉少许，水淀粉适量，芝麻油5毫升

做法：

1 西红柿去蒂，切成8等份的半月形，再切2~3刀；干木耳放入热水中，静置数分钟捞出，揉搓掉根部颗粒状部分。

2 生菜撕成适口的大小；鸡蛋搅散备用。

3 锅中注入适量清水烧开，加入生菜略煮，加入料酒、盐、胡椒粉调味。

4 加入水淀粉搅拌至黏稠状态，放入西红柿略煮，放入木耳，最后倒入鸡蛋搅匀，关火，淋上芝麻油即可。

营养小贴士

生菜和黑木耳均含有丰富的膳食纤维，有助于肠道蠕动，帮助身体排毒。

牛奶

人类的“白色血液”

牛奶是最古老的天然饮料之一，被誉为“白色血液”，牛奶含有丰富的矿物质、钙、磷、铁、锌、铜、锰、钼。最难得的是，牛奶是人体钙的最佳来源，而且钙磷比例非常适当，利于钙的吸收。

补充钙质，可预防骨质疏松症

牛奶炖猪肉

分量：2人份

原料：

猪里脊肉200克，胡萝卜、洋葱各50克，土豆120克，西蓝花70克，月桂叶少许，清汤300毫升，牛奶50毫升，面粉15克，奶油适量

调料：

食用油、番茄汁各适量，盐、胡椒粉各少许

做法：

1 洗好的猪肉切片，用盐、胡椒粉、面粉抓匀腌渍；胡萝卜、土豆、洋葱去皮洗净，分别切成滚刀块；西蓝花洗净后掰成小朵，放入沸水中焯熟，捞出。

2 锅中倒入食用油和奶油煮溶，下猪肉炒熟，加入胡萝卜、土豆、洋葱一起拌炒。

3 倒入清汤，加入番茄汁、月桂叶，一边捞出浮渣，一边炖煮至食材变软。

4 最后加入牛奶、西蓝花，用盐、

乳酪与培根搭配，有助于蛋白质的吸收

青葱焗烤

分量：1人份

原料：

大葱40克
培根50克
杏仁片20克
土豆少许
乳酪适量
奶油适量

调料：

胡椒粉2克

做法：

1 大葱去根洗净，切成小段；土豆去皮洗净，切片。

2 大葱、土豆分别放入沸水中略烫，捞出沥水。

3 培根切成3厘米宽的小块；乳酪切成细丝。

4 烤盘中放上培根，在培根上放上大葱段，卷起培根，再放上土豆片，撒上胡椒粉，淋入奶油。

5 依次撒上杏仁片、乳酪丝，放入200℃的烤箱中烘烤15分钟，取出即可。

营养小贴士

培根富含蛋白质，有提高免疫力的功效；大葱可改善食欲，促进营养消化吸收。

乳酪

维持肠道内正常菌群的稳定

乳制品是食物补钙的最佳选择，乳酪正是含钙最多的乳制品，而且这些钙很容易吸收。乳酪是发酵的乳酸菌及其代谢产物，对人体有一定的保健作用，有利于维持人体肠道内正常菌群的稳定和平衡，防治便秘和腹泻。

酸奶

维护肠道菌群生态平衡

酸奶含有多种酶，可促进消化吸收，维护肠道菌群生态平衡，形成生物屏障，抑制有害菌对肠道的入侵。酸奶中的乳酸菌可以产生一些增强免疫功能的物质，可以提高人体免疫力、防治疾病。

营养美味、清新爽口的减肥沙拉

土豆酸奶沙拉

分量：2人份

原料：

土豆550克，生菜25克，香菜末5克，酸奶100克，奶油适量

调料：

白醋5毫升，白糖3克，盐2克，胡椒粉1克，柠檬汁、洋葱汁各少许

做法：

1 土豆去皮洗净，切滚刀块。

2 锅置火上，注入适量清水烧开，倒入土豆煮熟，捞出装碗。

3 趁热与白醋、白糖拌匀调味。

4 奶油略微打发至起泡。

5 加入酸奶、柠檬汁、洋葱汁、盐、胡椒粉。

6 拌匀，调成沙拉汁。

7 待土豆放凉，加入调好的沙拉汁，拌匀，盛在生菜上。

8 最后撒上香菜末即可。

红色食物集合，为身体提供充足的胡萝卜素

南瓜酸奶沙拉

分量：1人份

原料：

南瓜350克，蚕豆、西红柿各50克，原味酸奶100克

调料：

食用油7毫升，盐2克，胡椒粉少许

做法：

1 南瓜去皮洗净，切成小块。

2 南瓜放入微波炉中加热2分钟。

3 蚕豆用热水煮过后取出豆仁，装盘备用。

4 西红柿去蒂洗净，切成小丁。

5 碗中放入酸奶、食用油、盐、胡椒粉。

6 再加入南瓜、蚕豆、西红柿，搅拌均匀。

7 将拌好的食材倒入盘中即可。

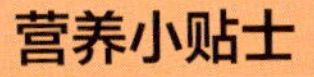

西红柿和南瓜中均含有丰富的胡萝卜素，可以维持眼睛和皮肤的健康，改善夜盲症。

PART 5

心脑血管的天然保护剂

河鲜以其丰富的蛋白质、微量元素和低胆固醇的特点，深受人们喜爱。海鲜含有人体必需的氨基酸和丰富的优良蛋白质。特别是深海鱼类，含有丰富的不饱和脂肪酸，可以减少心脑血管疾病的发病率。

桂鱼

美味的补虚佳品

桂鱼肉质以细嫩丰满，肥厚鲜美，内部无胆、少刺而著称，故为鱼中上品。桂鱼含有蛋白质、脂肪、少量维生素、钙、钾、硒等营养元素，肉质细嫩，极易消化，对儿童、老人及体弱、脾胃消化功能不佳的人来说，吃桂鱼既能补虚，又不必担心消化困难。

青椒富含抗氧化成分，有助于减肥

烤桂鱼小青椒

434 千卡

分量：1人份

原料：

桂鱼350克，青辣椒80克，大葱20克

调料：

黑醋10毫升，生抽5毫升

做法：

1 青辣椒洗净，斜切成圈；桂鱼洗净，切厚片。

2 青椒圈与处理好的桂鱼一同装入烤盘，放进烤箱中烤熟。

3 大葱洗净，葱白切丝，其余切花。

4 将黑醋、生抽与葱花拌匀，调成味汁。

5 取出烤盘，淋上味汁，撒上葱白丝即可。

营养小贴士

桂鱼肉的热量不高，而且富含抗氧化成分，对于想补充营养又怕肥胖的人是极佳的选择。

增强免疫力，抵御疾病的侵袭

紫菜香菇汤

分量：1人份

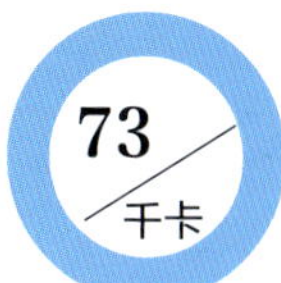

原料：

水发紫菜180克
香菇60克
姜片少许
葱花少许

调料：

盐2克，胡椒粉、食用油各适量

做法：

1 将洗净的香菇切去根部，再切成厚片。

2 把切好的香菇装入盘中。

3 锅中注入适量清水烧开，加入适量盐、胡椒粉。

4 再倒入少许食用油。

5 放入切好的香菇。

6 放入洗好的紫菜，用大火加热，煮沸。

7 放入少许姜片，用锅勺搅拌匀。

8 将煮好的汤盛出，装入盘中，撒上少许葱花即成。

营养小贴士

紫菜所含的多糖具有明显增强细胞免疫和体液免疫的功效，和香菇搭配有助于提高免疫力。

紫菜

治疗水肿的辅助食品

紫菜营养丰富，含碘量很高，可用于治疗因缺碘引起的“甲状腺肿大”；富含胆碱和钙、铁，能增强记忆力，治疗妇女贫血，促进骨骼、牙齿的生长和保健；含有一定量的甘露醇，可作为治疗水肿的辅助食品。

海带

含碘，可保护甲状腺

因为海带中含有大量的碘，碘是甲状腺合成的主要物质，如果人体缺少碘，就会患“粗脖子病”，即甲状腺机能减退症，所以，海带是甲状腺机能障碍者的最佳食品。海带中含有大量的甘露醇，而甘露醇具有利尿消肿的作用，可防治肾功能衰竭、老年性水肿。

富含番茄红素，爽口的的海鲜凉拌菜

海带拌熏三文鱼

73 千卡

分量：1人份

原料：

鲜海带50克，熏三文鱼20克，西红柿200克，葱白丝少许

调料：

白醋、食用油各10毫升，盐、胡椒粉各少许，柠檬汁8毫升

做法：

1 海带洗去盐分，切方片。

2 熏三文鱼洒上柠檬汁，沥干水分后切小块。

3 西红柿去蒂洗净，下沸水稍烫，捞出，浸泡于冷水中，去皮后切成瓣状。

4 盘中加入白醋、食用油、盐、胡椒粉，拌匀，调成味汁。

5 放入海带、熏三文鱼、西红柿，拌匀。

6 最后以葱白丝点缀即可。

提供不饱和脂肪酸，预防动脉硬化

鳗鱼蛋花

分量：1人份

原料：

蒲烧鳗鱼150克
鸡蛋100克
油菜50克
大葱20克
高汤100毫升

调料：

生抽、白醋各5毫升

做法：

1 鸡蛋打散，搅打成蛋液；鳗鱼切成1.5厘米宽的段。

2 油菜洗净，去掉根部后切成3厘米长的段；大葱洗净，切斜段。

3 锅中倒入高汤、生抽、白醋，拌匀，煮沸后放入油菜、大葱，煮至食材变软。

4 加入鳗鱼，煮沸后将蛋液画圈淋入锅中。

5 盖上锅盖，待鸡蛋半熟后即可关火，盛出。

营养小贴士

鳗鱼的锌含量、高度不饱和脂肪酸含量和维生素E含量都很高，不仅可以降低血脂、抗动脉硬化、抗血栓，还能为大脑补充必要的营养素。

被称为“脑黄金”

鳗鱼肉含有丰富的优质蛋白和各种人体必需的氨基酸；其中所含的磷脂为脑细胞不可缺少的营养素。另外，鳗鱼还含有被俗称为“脑黄金”的DHA及EPA，含量比其他海鲜、肉类均高。

鳕鱼

对心血管系统有保护作用

鳕鱼含丰富蛋白质、维生素A、维生素D、钙、镁、硒等营养元素，营养丰富、肉味甘美。鳕鱼肉中含有丰富的镁元素，对心血管系统有很好的保护作用，有利于预防高血压、心肌梗死等心血管疾病。

营养丰富，肉质鲜美，适合肥胖人群

柠檬汁清蒸鳕鱼

分量：1人份

原料：

鳕鱼肉200克，洋葱40克，朝天椒25克，香菜、蒜末各少许

调料：

盐3克，白胡椒粉少许，蚝油、柠檬汁各适量，生抽4毫升

做法：

1 将洗净的洋葱切丝；洗好的朝天椒切圈，装在小碗中，撒上蒜末，注入清水，加入生抽、蚝油、盐、白胡椒粉、柠檬汁调匀，制成味汁。

2 锅置旺火上，倒入调好的味汁，大火煮沸，至食材断生，关火后盛入碗中，制成辣味料，待用。

3 备好电蒸笼，烧开后放入洗净的鳕鱼肉，盖上盖，蒸约10分钟，至食材熟透，断电后揭盖，取出蒸好的菜肴。

4 趁热撒上洋葱丝，淋入煮好的辣味料，最后装饰上香菜即成。

抑制致癌因子，强化骨骼，增强人体的抗病能力

西蓝花鳕鱼豆浆汤

分量：2人份

原料：

西蓝花、鳕鱼肉各200克，香菇100克，豆浆200毫升

调料：

料酒15毫升，盐、花椒粉各适量，淀粉3克

做法：

1 西蓝花切小瓣；鳕鱼肉切成大小合适的块，加入5毫升料酒和少量盐，拌匀腌渍；香菇切去根茎上颗粒部分，切成厚片。

2 鳕鱼抹上淀粉。

3 锅中注水烧开，倒入香菇、西蓝花、鳕鱼，煮沸后，加入10毫升料酒和2克盐，续煮一会儿。

4 加入豆浆，煮沸后关火，盛入碗中，撒入适量花椒粉即可。

营养小贴士

西蓝花最显著的功效就是能防癌抗癌，有利于预防高血压、心肌梗死等心血管疾病。这道菜营养美味，还带有豆香味，是防癌抗癌的佳品。

秋刀鱼

富含蛋白质、不饱和脂肪酸

秋刀鱼体内含有丰富的蛋白质、不饱和脂肪酸和维生素等营养元素，它的蛋白质含量位居所有鱼之首。秋刀鱼含有EPA和DHA，可降低血胆固醇、三酰甘油，且降低血压，避免血凝块，有益于高血压或冠状动脉硬化者。

生姜和味噌搭配，可提高防癌效果

生姜煮秋刀鱼

分量：1人份

原料：

秋刀鱼300克，生姜1块

调料：

料酒、味啉各15毫升，生抽5毫升，白砂糖5克，味噌10克

做法：

1 秋刀鱼切去头部，切成4~5等份，去除内脏，洗净，沥干水分；生姜切丝。

2 锅中倒入水、料酒、味噌、生抽、白砂糖拌匀，煮沸后倒入秋刀鱼，再次煮沸后用勺子将汤汁浇在鱼身上，撒上姜丝，盖上锅盖煮3~4分钟。

3 加入味噌，煮至溶化，不断将汤汁浇在鱼身上，煮10分钟至汤汁黏稠即可。

营养小贴士

秋刀鱼中富含优质蛋白质和铁，可防癌抗癌。

富含维生素B_{12}，可降低贫血发生的概率

红烧秋刀鱼

分量：1人份

原料：

秋刀鱼200克，海带30克，葱段、姜末、蒜末各少许

调料：

料酒20毫升，白醋10毫升，生抽8毫升，食用油、淀粉、辣椒粉各适量

做法：

1 秋刀鱼去头去内脏，洗净后切成5厘米长的段；海带洗去盐分，切小片。

2 用料酒、生抽将秋刀鱼抹匀，腌渍10分钟，沥干酱汁后拍上淀粉。

3 锅中倒入食用油烧热，下葱段、姜末、蒜末爆香，放入秋刀鱼煎至金黄色。

4 锅中浇入适量清水，加入料酒、白醋、生抽、辣椒粉，拌匀。

5 煮沸后转小火续煮10分钟，再加入海带煮片刻即可。

营养小贴士

秋刀鱼背上肉色发黑的部分含有很多维生素B_{12}，有防治贫血的作用。

金枪鱼

延缓记忆力衰退

金枪鱼肉属高钙食物，经常食用有助于牙齿和骨骼的健康。金枪鱼含有丰富的酪胺酸，能帮助生产大脑的神经递质，使人注意力集中、思维活跃。金枪鱼的鱼眼中含有二十二碳六烯酸，该物质具有促进儿童大脑发育、延缓老人记忆力衰退的作用。

高蛋白质、高筋度、低脂肪的美味面食

金枪鱼意大利面

分量：1人份

原料：

意大利面200克，金枪鱼肉50克，黄瓜90克，芦笋60克，高汤100毫升

调料：

生抽8毫升，白醋10毫升

做法：

1 将意大利面放入沸水中，煮至个人喜好的硬度，捞出，用冷水冲洗后沥干，盛盘放凉。

2 黄瓜洗净，切丝；芦笋洗净，切段，焯水后捞出。

3 锅中加入高汤、生抽、白醋，煮沸后关火冷却，即成味汁。

4 将金枪鱼、黄瓜、芦笋放在意大利面上，摆好盘，淋入味汁即可。

酸酸甜甜，开胃可口，可改善食欲

西红柿烤沙丁鱼

分量：1人份

280千卡

原料：

沙丁鱼200克，
西红柿125克，洋葱200克，蒜末、葱花各少许，柠檬、面粉各适量

调料：

橄榄油、盐、胡椒粉各适量，柠檬汁15毫升

做法：

1 洋葱去衣，与洗好的西红柿一起横切成圆片；柠檬洗净，切圆片；沙丁鱼去头去内脏，洗净后沿着鱼骨用手将鱼划开，取出鱼骨，把鱼皮剥掉，抹上盐、胡椒粉，拍上面粉。

2 锅中倒入橄榄油烧热，放入沙丁鱼煎至金黄色，盛出。

3 在烤盘中涂上橄榄油，放入沙丁鱼，撒上蒜末，再叠上洋葱、西红柿、柠檬片，淋入柠檬汁、橄榄油，撒上盐、胡椒粉、葱花。

4 烤箱预热至170℃，放入烤盘烘烤10分钟即可。

营养小贴士

西红柿和沙丁鱼搭配，开胃健脾，有利于营养的消化吸收。

沙丁鱼

帮助血液流动畅通

沙丁鱼含有丰富的能够促进健康的Omega-3s、EPA和DHA，这些基本的脂肪酸能够帮助身体里的血液流动畅通，保持一个健康的心脏，预防心血管疾病。沙丁鱼含丰富的钙，可以防止因缺钙引起的骨质疏松。

三文鱼

享有“水中珍品”的美誉

三文鱼中含有丰富的不饱和脂肪酸，能有效提升高密度脂蛋白胆固醇，降低血脂和低密度脂蛋白胆固醇，防治心血管疾病。三文鱼能有效地预防诸如糖尿病等慢性疾病的发生、发展，具有很高的营养价值，享有“水中珍品”的美誉。

集结了6种可防癌、抗癌的美味食材

三文鱼炒蘑菇

分量：1人份

原料：

新鲜三文鱼200克，真姬菇、杏鲍菇、洋葱各100克，香菇60克，大蒜1瓣

调料：

盐适量，胡椒粉少许，橄榄油15毫升

做法：

1 真姬菇切去根部颗粒状部分；杏鲍菇切成两段，再切成片；香菇切去根部颗粒状部分，再切成两半；洋葱横切成1厘米宽的丝；大蒜切末。

2 三文鱼切片，撒上1克盐抹匀，静置10分钟，抹去水分。锅中倒入5毫升橄榄油烧热，倒入三文鱼煎至两面上色，盛出。

3 轻轻晃动平底锅，倒入剩下的橄榄油和大蒜，小火炒香，加入洋葱炒透，加入真姬菇、杏鲍菇、香菇炒至上色，放入三文鱼，加入2克盐和胡椒粉，炒匀即可。

增强脑力，可预防老年痴呆症

三文鱼拌饭

分量：1人份 

421 千卡

原料： 三文鱼100克，大米80克，干海带适量，姜末少许

调料： 白酒10毫升，生抽5毫升，盐2克，柠檬汁5毫升

做法：

1 干海带泡发，洗去盐分，沥水后切碎。

2 淘洗干净的大米放入钵中，加入白酒、盐和适量清水，放入海带一起煮熟。

3 洗好的三文鱼用火微烤，去皮去骨，并将鱼肉剥散，蘸上柠檬汁。

4 煮好的米饭加入三文鱼，和姜末、生抽一起拌匀即可。

富含强力有效的抗氧化剂——虾青素

烧渍三文鱼

分量：1人份

原料： 鲜三文鱼肉160克，香菇、胡萝卜各100克，大葱50克

调料： 生抽、醋各30毫升，味啉25毫升，白砂糖7克，食用油适量

做法：

1 三文鱼切成适口的块；香菇切去根部颗粒较硬的部分，再切成两半；胡萝卜切成5毫米厚的圆片，再切成较大的半月形；大葱切4厘米长的段。

2 锅中倒入水、生抽、味啉、白砂糖、醋煮沸，煮去味啉中所含的酒精，制成味料，盛出，待用。

3 三文鱼抹干水分，和香菇、胡萝卜、大葱入油锅炒熟盛出，趁热加入味料，拌匀即可。

鲷鱼

改善人体新陈代谢

鲷鱼营养丰富，富含蛋白质、钙、钾、硒等营养元素，可为人体补充丰富蛋白质及矿物质。鲷鱼中的胶原蛋白不但能延缓皮肤衰老，减少皱纹、色斑等岁月问题，还能改善人体新陈代谢，让人具有更年轻的身体状态。

含维生素和蛋白质，改善体质，缓解体虚

鲷鱼彩蔬沙拉

分量：1人份

原料：

鲷鱼生鱼片100克，红彩椒50克，黄彩椒50克，洋葱50克，胡萝卜50克，玉米笋50克

调料：

白醋20毫升，橄榄油10毫升，盐、胡椒粉各少许

做法：

1 洗好的鲷鱼切片，放入热水中迅速烫一下，捞出沥水。

2 洋葱、胡萝卜去皮，与红彩椒、黄彩椒、玉米笋一同洗净，切成条状。

3 将鲷鱼和蔬菜一起盛盘，加入白醋、橄榄油、盐、胡椒粉拌匀，腌渍1夜即可。

营养小贴士

鲷鱼营养丰富，尤适于食欲不振、消化不良、产后气血虚弱者食用。

氨基酸种类丰富，营养全面的养生浓汤

鲷鱼豆腐汤

分量：2人份

原料：

豆腐200克，鲷鱼150克，海带结100克，姜丝5克

调料：

盐4克，料酒10克，胡椒粉2克

做法：

1 豆腐切小块。

2 鲷鱼肉切片，用料酒略泡。

3 鲷鱼上面铺上姜丝，上锅蒸约10分钟，取出备用。

4 锅中倒入适量清水，放入海带结，20分钟后加入豆腐，烧开后放入蒸好的鲷鱼融入汤里。

5 加入盐、胡椒粉，拌匀调味。

营养小贴士

豆腐的蛋白质含量比黄豆高，而且豆腐的蛋白质属完全蛋白，不仅含有人体必需的8种氨基酸，而且其比例也接近人体需要，营养价值较高；海带含热量低、矿物质丰富，具有调节免疫力、抗肿瘤和抗氧化等多种生物功效；鲷鱼可为身体补充优质的蛋白质和不饱和脂肪酸，有助于保护心脑血管。

比目鱼

延缓记忆力衰退

比目鱼富含蛋白质、维生素A、维生素D、钙、磷、钾等营养成分，尤其维生素B_6的含量颇丰，而脂肪含量较少。另外，比目鱼还富含大脑的主要组成成分DHA，经常食用可提高记忆力，延缓记忆力衰退。

含香菇多糖，强身健体，提高抗病能力

杂菌烩比目鱼

分量：1人份

201千卡

原料：

比目鱼150克，鲜香菇10克，秀珍菇50克，杏鲍菇50克，高汤200毫升，面粉少许

调料：

生抽8毫升，水淀粉8毫升，芝麻油5毫升，盐少许，胡椒粉少许，食用油适量

做法：

1 处理好的比目鱼切成段，拍上面粉，放入烧至五成热的油锅中慢慢炸熟，捞出沥油，装盘。

2 香菇、秀珍菇、杏鲍菇洗净，切成小块。

3 另起锅，倒入芝麻油烧热，下香菇、秀珍菇、杏鲍菇拌炒。

4 倒入高汤，加入生抽、盐、胡椒粉调味，煮至菌菇全部熟软。

5 加入水淀粉勾芡，将菌菇连同汤汁一起浇在比目鱼上即可。

提高记忆力，预防老年痴呆症

彩蔬比目鱼

分量：1人份

原料：

比目鱼鳍肉200克，胡萝卜80克，四季豆、金针菇各50克

调料：

白酒10毫升，芝麻酱适量

做法：

1 胡萝卜去皮洗净，切丝；四季豆洗净，切长段；金针菇洗净，切去根部后掰成小朵。

2 洗好的比目鱼切成薄片，与胡萝卜、四季豆、金针菇一起排入盘中，摆好。

3 盘中均匀地洒上白酒，放入微波炉或蒸笼中蒸熟，取出后淋入芝麻酱。

营养小贴士

比目鱼富含大脑的主要组成成分DHA，经常食用可增强智力；金针菇氨基酸的含量非常丰富，高于一般菇类，尤其是赖氨酸的含量特别高，赖氨酸具有促进智力发育和增强记忆力的功效。

红杉鱼

提高记忆力和思考能力

红杉鱼肉质鲜美，营养丰富，其中含有一种陆地上的动植物所不具有的高度不饱和脂肪酸，含有被称为DHA的成分，是大脑所必需的营养物质，有利于提高记忆力和提高思考能力。

丰富的维生素，为细胞代谢提供营养

茄汁红杉鱼

分量：1人份

原料：

红杉鱼250克，红椒、青椒、洋葱各100克，西红柿65克，西葫芦50克

调料：

橄榄油、盐、胡椒粉各适量

做法：

1 处理好的红杉鱼切小块，抹上盐、胡椒粉稍腌。

2 红椒、青椒洗净，去籽后切丁；洋葱去衣，和洗好的西葫芦一起切丁；西红柿洗净，去皮去籽，切小块。

3 锅中倒入橄榄油烧热，放入洋葱炒至焦黄，再加入红椒、青椒、西葫芦一起炒熟。

4 放入西红柿，加入备好的盐、胡椒粉，盖上锅盖，以小火焖煮15分钟左右。

5 另起油锅，放入红杉鱼煎至金黄色，捞出，和蔬菜一起炖煮片刻。

补充营养，提高免疫力，有防癌抗癌的作用

香菇杏仁红杉鱼

分量：1人份

原料：

红杉鱼250克，鲜香菇50克，杏仁片10克，蛋清、面粉、奶油各适量

调料：

生抽、胡椒粉各少许，食用油适量

做法：

1 处理好的红杉鱼切成块，抹上胡椒粉稍腌；香菇去根部，洗净，切厚片。

2 蛋清中加入少许面粉，搅打成蛋白液。

3 红杉鱼裹上蛋白液，粘上杏仁片，再放入烧至五成热的油锅中炸熟。

4 捞出红杉鱼，沥油后盛盘。

5 另起锅，倒入奶油烧热，放入洗净的香菇拌炒。

6 放入生抽、胡椒粉调味，盛入装有红衫鱼的盘中即可。

营养小贴士

红杉鱼含丰富蛋白质和不饱和脂肪酸，具有较高的营养价值，可提高免疫力，增强身体的抗病能力。

虾

心血管系统的保护剂

虾营养丰富，且其肉质松软，易消化，对身体虚弱以及病后需要调养的人是极好的食物。虾中含有丰富的镁，镁对心脏活动具有重要的调节作用，能很好地保护心血管系统，它可减少血液中胆固醇含量，防止动脉硬化。

为机体补充镁，保护心脏和血管

虾仁腐皮包

分量：1人份

原料：

虾仁100克，豆腐130克，竹笋50克，鲜香菇25克，腐皮185克

调料：

料酒、生抽、芝麻油各5毫升

做法：

1. 虾仁洗净，取其中70克与豆腐一起放入绞肉机中打成泥。
2. 竹笋去皮洗净，与洗好的香菇一同切碎。
3. 腐皮用清水泡软，洗净待用。
4. 虾肉豆腐泥中加入竹笋、香菇、料酒、生抽、芝麻油，拌匀，用腐皮包好，装盘。
5. 腐皮包上面摆上余下的虾仁。
6. 放入微波炉或蒸笼里蒸至熟透，取出即可。

促进血液循环，增强免疫力，抗早衰

红酒番茄酱虾

分量：1人份

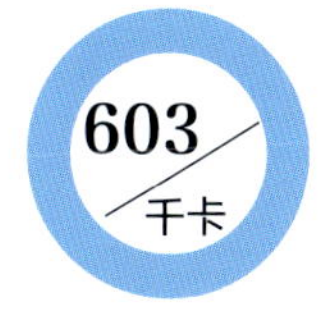

原料：

基围虾450克，蒜末、姜片、葱段各少许

调料：

盐2克，白糖少许，番茄酱、食用油各适量，红酒200毫升

做法：

1 锅中注入食用油烧热，倒入蒜末、姜片爆香。

2 倒入处理好的基围虾，炒匀，加入适量番茄酱，炒匀炒香。

3 倒入备好的红酒，炒匀，至虾身弯曲。

4 加入少许白糖、盐，拌匀调味。

5 盖上盖，烧开后用小火煮约10分钟，至食材入味，揭盖，用中火翻炒一会儿，至汤汁收浓。

6 关火后盛出基围虾，装盘，撒上葱段，淋上锅中汤汁即成。

营养小贴士

虾的营养价值极高，能增强人体的免疫力，可抗早衰。

墨鱼

高蛋白、低脂肪

墨鱼不但味感鲜脆爽口，脂肪含量低，还含有碳水化合物和维生素A、B族维生素及钙、磷、铁等人体所必需的物质，蛋白质含量高，具有较高的营养价值，是一种高蛋白低脂肪滋补食品。

红椒使面条更加香辣可口，可促进食欲

香蒜墨鱼意大利面

分量：1人份

原料：

墨鱼100克，意大利面150克，红椒30克，大蒜5克，香菜末少许

调料：

橄榄油10毫升，盐2克，胡椒粉少许

做法：

1. 处理好的墨鱼切圈；红椒洗净，去籽，切圈；大蒜去衣，切片。
2. 锅置火上，倒入适量清水烧开，下意大利面煮至熟软。
3. 捞出沥水，盛盘。
4. 平底锅中倒入橄榄油烧热，放入蒜片，炒至上色。
5. 加入红椒、墨鱼一起拌炒。
6. 加入盐、胡椒粉，炒匀调味，盛入盘中，与意大利面充分混拌。
7. 最后撒上香菜末即可。

热量低，肥胖者补充蛋白质的佳品

水晶墨鱼卷

分量：1人份

原料：

墨鱼片220克，高汤150毫升，薄荷叶少许

调料：

盐少许，料酒5毫升，水淀粉、食用油、姜汁各适量

做法：

1 将洗净的墨鱼片切上网格刀花。

2 锅中注入适量清水烧开，倒入切好的墨鱼片，拌匀，淋上适量的姜汁、料酒，汆一会儿，至鱼身卷起，再捞出材料，沥干水分。

3 用油起锅，注入备好的高汤，倒入余下的姜汁，放入汆好的墨鱼片，拌匀，加入少许盐。

4 淋上适量料酒，炒匀炒香，至食材入味。

5 再用水淀粉勾芡，至墨鱼熟透。

6 关火后盛出菜肴，摆好盘，装饰上薄荷叶即可。

营养小贴士

墨鱼是高蛋白、低脂肪佳品，适合肥胖、动脉硬化、高血压、冠心病患者食用。

章鱼

含牛磺酸，能抗疲劳

章鱼属于高蛋白、低脂肪食材，含有丰富的蛋白质、脂肪、碳水化合物、钙、磷、铁、锌、硒以及维生素E、维生素B、维生素C等营养成分。章鱼富含牛磺酸，能抗疲劳、降血压及软化血管等，适用于治疗高血压、动脉硬化、脑血栓等病症。

富含矿物质，可抗疲劳，帮助恢复元气

章鱼西红柿沙拉

374 千卡

分量：1人份

原料：

章鱼180克，西红柿150克，洋葱30克，黑橄榄5克

调料：

葡萄酒醋20毫升，橄榄油10毫升，盐、胡椒粉各少许

做法：

1 处理好的章鱼切小块；西红柿去蒂洗净，切成片状；黑橄榄去核，切片；洋葱去衣，切丝。

2 将章鱼放入沸水中氽熟，捞出沥水，与西红柿、黑橄榄一起装碗。

3 洋葱丝中加入葡萄酒醋、橄榄油、盐、胡椒粉拌匀，调成味汁，淋入碗中即可。

营养小贴士

西红柿和章鱼搭配可为机体提供丰富的蛋白质和矿物质，促进新陈代谢，缓解疲劳。

富含钙和虾青素，有助于强筋健骨

蛤蜊西班牙海鲜饭

分量：1人份

496千卡

原料：

水发大米100克，鸡腿肉135克，虾仁50克，蛤蜊120克，洋葱丝60克，蒜末、青椒丝各少许

调料：

番茄汁适量，白酒20毫升，橄榄油8毫升，盐、黑胡椒粉各少许

做法：

1 鸡腿肉洗净，切成小块。

2 锅中倒入橄榄油烧热，放入鸡肉炒熟，再加入少许橄榄油，放入蒜末，用盐、黑胡椒粉炒匀调味，加入番茄汁炖煮，将煮汁过滤备用。

3 另起锅，放入虾仁、蛤蜊，倒入白酒，煮至蛤蜊壳张开，将汤汁过滤备用。

4 电饭锅中放入淘洗干净的大米，加入煮汁和汤汁，并加入适量清水，将米饭煮熟，装入烤盘，摆上其他食材，再放进200℃的烤箱中烤15分钟，盛出，撒上青椒丝、洋葱丝即可。

营养小贴士

100克重的蛤蜊钙质含量就有130毫克，所以，蛤蜊是不错的钙质来源。

补充维生素B_{12}

蛤蜊的钙质含量在海鲜中颇为突出。蛤蜊的维生素B_{12}含量也很丰富。B_{12}关系到血液代谢，缺乏者可能出现恶性贫血，尤其是胃部手术后的患者，B_{12}吸收率较差，可以多食用一些蛤蜊。

蚬

维持人体造血功能

蚬含有蛋白质、多种维生素和钙、磷、铁、硒等人体所需的营养物质；蚬肉中所含的微量元素钴对维持人体造血功能和恢复肝功能有较好效果。

富含蛋白质和钴，可提高免疫力

豆腐蚬肉

分量：2人份

原料：

蚬肉200克，内酯豆腐400克，紫苏叶、葱段各少许

调料：

白酒适量，生抽、白醋各5毫升，白糖2克

做法：

1 蚬肉洗净，放入沸水中汆烫，捞出沥水。

2 锅中倒入白酒烧开，加入生抽、白醋、白糖拌匀，放入蚬肉、葱段快速煮熟，盛出，备用。

3 紫苏洗净，铺在盘中；内酯豆腐拆开包装，倒扣在盘上。

4 将煮好的蚬肉放在豆腐上即可。

营养小贴士

蚬不仅能为人体补充丰富的营养，而且还有维持人体的造血功能。

颜色多样、营养全面的美味凉拌菜

西蓝花拌蚬仔

分量：1人份 

原料：

蚬250克，西蓝花、圣女果各100克

调料：

白酒、橄榄油、葡萄酒醋各10毫升，盐、胡椒粉各少许

做法：

1 锅置火上，放入洗净的蚬，洒上白酒，盖上锅盖焖煮。

2 待蚬壳张开，捞出沥干，汤汁保留备用。

3 西蓝花洗净，切小朵，放入沸水中焯熟。

4 圣女果洗净，较大的对半切开，与煮熟的蚬、西蓝花一同盛盘。

5 取煮蚬余下的汤汁，加入橄榄油、葡萄酒醋、盐、胡椒粉拌匀，调成味汁。

6 将调好的味汁浇入盘中，搅拌均匀即可。

营养小贴士

西蓝花和圣女果搭配，可为机体提供丰富的维生素和矿物质，促进新陈代谢，抗衰老。

扇贝

加速排泄胆固醇，抗衰老

扇贝中含有具有降低血清胆固醇作用的代尔太7-胆固醇和24-亚甲基胆固醇，它们兼有抑制胆固醇在肝脏合成和加速排泄胆固醇的独特作用，从而使体内胆固醇下降。扇贝含有丰富的维生素E，可延缓皮肤衰老、防止色素沉着。

咖喱风味可增进食欲，营养也很均衡

咖喱虾炒扇贝

分量：1人份

原料：

基围虾70克，鲜贝肉80克，红辣椒、洋葱各50克，西葫芦130克

调料：

食用油7毫升，咖喱粉3克，盐2克，胡椒少许

做法：

1 基围虾取虾仁，洗净；鲜贝肉较大的部分切成两半；红辣椒洗净，切圈。

2 西葫芦切成1厘米厚的半圆片；洋葱切丝。

3 平底锅中倒入食用油，中火烧热，加入西葫芦、红辣椒炒至表面上色。

4 加入洋葱炒透。

5 加入基围虾、鲜贝肉炒匀。

6 加入咖喱粉、盐、胡椒，炒至虾变色即可。

降低胆固醇，保护心脑血管

奶油扇贝

分量：1人份

原料：

扇贝肉500克，西红柿60克，大蒜1瓣，柠檬片、奶油各适量，罗勒少许

调料：

白酒100毫升，盐、胡椒粉各2克

做法：

1. 西红柿去蒂洗净，放入热水中稍烫，捞出，去皮切丁。
2. 大蒜去衣，切成末；罗勒洗净，切碎。
3. 锅中倒入白酒，加入盐、胡椒粉，煮开后放入洗好的扇贝肉。
4. 待扇贝肉变色，捞出，盛盘备用。
5. 余下的汤汁加入蒜末，继续加热，煮至汤汁浓缩成1/3的量，加入西红柿略煮。
6. 用搅拌器将奶油搅打至半黏稠状，淋在扇贝上。
7. 将西红柿连同汤汁一起浇入盘中，最后摆上柠檬片，撒上罗勒即可。

生蚝

有“海底牛奶”的美称

生蚝肉所含的牛磺酸、DHA、EPA是智力发育所需的重要营养素。糖元是人体内能量的储备形式，能提高人的体力和脑力的活动效率。另外，运用生蚝壳增加体内的含锌量，可提高机体的锌镉比值，有利于改善和防治高血压，起到护脑、健脑作用。

低脂肪、高蛋白的美味食品

香烤生蚝

分量：2人份

原料：

生蚝600克，柠檬片、红葱头、大蒜各适量，奶油30克

调料：

柠檬汁10毫升

做法：

1 红葱头、大蒜去衣，剁成碎末。

2 奶油搅打成泥状，加入柠檬汁、红葱头、蒜泥一起搅拌均匀，制成味汁，待用。

3 将洗净的生蚝排入烤盘，把拌好的奶油均匀地舀到上面。

4 将烤盘放入200℃的烤箱中烤至略带焦色。

5 柠檬片铺在盘中。

6 取出生蚝后盛入装有柠檬片的盘中，浇上味汁即可。

富含牛磺酸，可缓解疲劳、恢复体力

生蚝牛奶汤

分量：1人份

原料：

牛奶50毫升，生蚝150克，白萝卜200克，面粉5克

调料：

橄榄油10毫升，盐1.5克，胡椒少许

做法：

1 生蚝放滤网中，再放入凉水中迅速涮洗，控干水分待用；白萝卜洗净，去皮，切块。

2 橄榄油和面粉混合均匀至呈黏稠状态。

3 锅中注入适量清水烧开，倒入白萝卜煮1~2分钟。

4 加入生蚝，盖上锅盖，续煮30秒至沸腾，关火。

5 另起锅，倒入牛奶，煮沸后倒入拌匀的面粉，用搅拌器搅拌至黏稠状态，小火煮2~3分钟，至无粉末，连汤汁一起倒入煮过的食材中。

6 加入盐、胡椒调味，煮至白萝卜变软，盛出，装盘即可。

PART 6

天然酵素与天然抗氧化物

水果是不耐热维生素C等营养素的最佳补给来源，有降血压、延缓衰老、减肥瘦身、保养皮肤、明目、抗癌、降低胆固醇、补充维生素等保健作用。坚果营养丰富，含蛋白质、矿物质较高，对人体生长发育、增强体质、预防疾病有极好的功效。

苹果

为大脑补充优质营养

苹果有“智慧果”“记忆果”的美称。人们早就发现，多吃苹果有增强记忆力、提高智能的效果。苹果不仅含有丰富的糖、维生素和矿物质等大脑必需的营养素，而且更重要的是富含锌元素，锌是促进生长发育的关键元素，与记忆力息息相关。

开胃促消化，促进营养的吸收

培根苹果卷

分量：1人份

原料：

苹果140克，培根100克，黄油10克

调料：

盐1克，白糖3克，白醋15毫升，水淀粉适量

做法：

1 洗净去皮的苹果切开，切成条形；洗净的培根对半切开。

2 取切好的培根，铺开，放上苹果条，再淋入少许水淀粉，卷成卷儿，用牙签固定住，制成数个苹果卷，放在盘中，待用。

3 煎锅置火上，放入黄油，加热至溶化，放入苹果卷，用中小火煎出香味，翻转苹果卷，煎约3分钟至食材熟透，盛出煎熟的苹果卷，摆放在盘中。

4 煎锅中注入适量清水，撒上少许白糖，淋入适量白醋，加入少许盐、水淀粉，用中火拌匀，调成味汁，关火后盛出味汁，浇在苹果卷上，摆好盘即成。

富含矿物质，为细胞代谢提供营养

胡萝卜苹果炒饭

336 千卡

分量：1人份

原料： 凉米饭230克，胡萝卜60克，苹果90克，葱花、蒜末各少许

调料： 盐2克，食用油适量

做法：

1 将洗净去皮的苹果切瓣，去核，切片，切小块；洗净去皮的胡萝卜切片，切条，改切丁。

2 用油起锅，倒入胡萝卜，加入蒜末，炒香，倒入米饭，翻炒松散。

3 放盐，炒匀，倒入葱花，炒匀，加入苹果，炒匀，盛出即可。

富含维生素B_1和锌，强健大脑

苹果猪排

分量：1人份

原料： 猪里脊肉200克，苹果、红薯各100克，高汤50毫升，柠檬片60克，奶油适量

调料： 白糖3克，盐、胡椒粉各少许，食用油适量

做法：

1 苹果、去好皮的红薯、柠檬洗净切片；洗好的猪肉切片，用盐、胡椒粉腌渍后下油锅煎至金黄色，装盘。

2 锅中放入苹果、红薯稍煎，加入奶油，待苹果上色、红薯熟透，盛出，摆盘。

3 锅中倒入高汤，放入柠檬片、盐、胡椒粉、白糖煮成味汁，将味汁淋入盘中。

雪梨

增强心肌活力，预防高血压

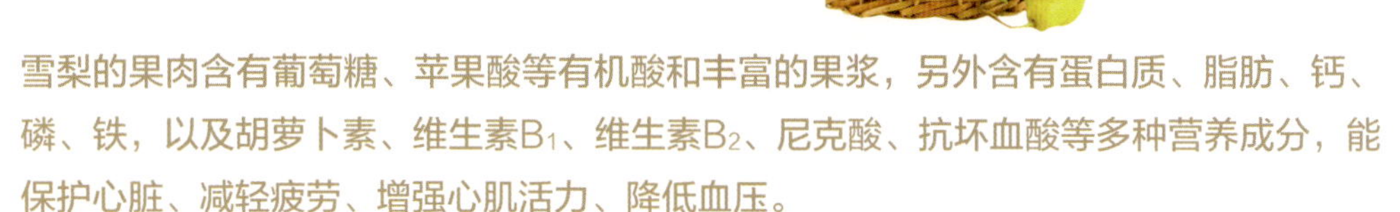

雪梨的果肉含有葡萄糖、苹果酸等有机酸和丰富的果浆，另外含有蛋白质、脂肪、钙、磷、铁，以及胡萝卜素、维生素B_1、维生素B_2、尼克酸、抗坏血酸等多种营养成分，能保护心脏、减轻疲劳、增强心肌活力、降低血压。

富含维生素，可润肺止咳、防秋燥

百合雪梨粥

分量：1人份

原料：

水发大米180克，百合20克，雪梨170克

调料：

白糖适量

做法：

1 将洗净的雪梨切开，去核，去皮，把果肉切小块。

2 百合洗净，放入清水中浸泡。

3 砂锅中注入适量清水烧热，倒入洗净的大米，搅拌匀。

4 盖上盖，烧开后用小火煮约30分钟，至米粒变软。

5 揭盖，倒入泡好的百合，放入雪梨块，拌匀。

6 再盖上盖，用小火续煮约15分钟，至食材熟透。

7 盖上盖，加入适量白糖，拌匀，用中火煮至溶化，关火后盛出煮好的粥，装入碗中即成。

改善血液循环，保护心脑血管

红酒雪梨

分量：1人份

575 千卡

原料：

雪梨170克

调料：

白糖8克，红酒600毫升

做法：

1 洗净的雪梨切小瓣，去核，去皮，把果肉切薄片，备用。

2 取一个大碗，倒入备好的红酒，撒上适量白糖。

3 倒入雪梨片，搅拌至白糖溶化。

4 将雪梨置于阴凉干燥处，腌渍约10小时，至酒味浸入雪梨片中。

5 另取一个盘，盛入泡好的雪梨片，摆好盘即成。

营养小贴士

雪梨具有润肺、消炎降火、解毒的作用。红酒中含有抗氧化成分和丰富的酚类化合物，可防止动脉硬化和血小板凝结、保护心脏、防止中风。红酒搭配甜美清爽的雪梨，具有清补、清火、去燥、促进血液循环、保护心脑血管等功效。

香蕉

帮助消化，调整肠胃机能

香蕉能缓和胃酸的刺激，保护胃黏膜。香蕉内含丰富的可溶性纤维，也就是果胶，可帮助消化，调整肠胃机能。香蕉中富含钾，钾对人体内的钠具有抑制作用，多吃香蕉，可降低血压、预防高血压和心血管疾病。

营养美味，可润肠通便、防止便秘

香蕉鸡蛋饼

分量：1人份

原料：

香蕉、鸡蛋各100克，面粉80克

调料：

白糖、食用油各适量

做法：

1 将鸡蛋打入碗中。

2 香蕉去皮，把香蕉肉压烂，剁成泥。

3 把香蕉泥放入鸡蛋中，加入白糖。

4 用筷子打散，调匀。

5 加入适量面粉，搅拌均匀，制成香蕉蛋糊。

6 热锅注油，倒入香蕉蛋糊，慢火煎约1分钟至成形，煎出焦香味。

7 翻面，同样煎至焦黄色，煎约2分钟至熟。

8 把煎好的香蕉鸡蛋饼盛出，用刀将蛋饼切成数等份小块，装入盘中即可。

富含钾，可预防高血压和心血管疾病

乳酪香蕉羹

分量：1人份

原料：

乳酪20克，熟鸡蛋1个，香蕉100克，胡萝卜45克，牛奶180毫升

做法：

1 将洗净的胡萝卜切片，再切成条，改切成粒。

2 将香蕉去皮，用刀把果肉压烂，剁成泥状。

3 熟鸡蛋去壳，取出蛋黄，用刀把蛋黄压碎。

4 汤锅中注入适量清水，大火烧热。

5 倒入切好的胡萝卜，盖上盖，烧开后用小火煮5分钟至其熟透。

6 揭盖，把煮熟的胡萝卜捞出，用刀把胡萝卜切碎，剁成末。

7 汤锅中注入适量清水，大火烧热。

8 加入奶酪，倒入牛奶，拌匀，用小火煮约1分钟至沸。

9 倒入香蕉泥、胡萝卜，拌匀煮沸，倒入鸡蛋黄，拌匀，盛出煮好的汤羹，装入碗中即可。

草莓

草莓主要的营养价值体现在其维生素C含量非常高。维生素C可以防治牙龈出血，促进伤口愈合，并会使皮肤细腻而有弹性。维生素C除了可以预防坏血病外，对动脉硬化、冠心病、心绞痛、脑溢血、高血压、高脂血症等疾病，都有积极的预防作用。

富含维生素C，可保护心脑血管系统

草莓苹果煎饼

分量：1人份

原料：

草莓80克，苹果90克，鸡蛋、玉米粉、面粉各60克

调料：

橄榄油5毫升

做法：

1 将洗净的草莓切成小块；洗净的苹果对半切开，切成瓣，再切成小块；鸡蛋打开，取蛋清装入碗中，备用。

2 将面粉倒入碗中，加入玉米粉，倒入蛋清，搅匀，加入适量清水，继续搅拌。

3 放入切好的水果，拌匀。

4 煎锅中注入橄榄油烧热，倒入拌好的水果面糊。

5 翻面，煎至焦黄色，把煎好的饼取出，用刀切成小块。

6 把切好的煎饼装入盘中即可。

富含果酸，可促进胃肠蠕动、改善便秘

草莓土豆泥

分量：1人份

原料：

草莓35克，土豆170克，牛奶50毫升，黄油、奶酪各适量

做法：

1 将洗净去皮的土豆切成块，再切成薄片，装入盘中。

2 洗好的草莓去蒂，取一部分切成薄片，剩下的一部分切碎。

3 蒸锅注水烧开，放入准备好的土豆片。

4 在土豆片上放入少许黄油。

5 盖上锅盖，用中火蒸10分钟。

6 揭开锅盖，取出蒸好的食材，放凉待用。

7 把土豆片倒入碗中，捣成泥状。

8 放入适量奶酪，注入少许牛奶，搅拌均匀。

9 取一个盘子，盛入拌好的材料，点缀上草莓碎，最后将草莓片摆好盘即可。

营养小贴士

草莓中含有大量果胶及纤维素，可促进胃肠蠕动、帮助消化、改善便秘。

蓝莓

含蓝莓花青素，抗氧化

蓝莓是一种高纤维食品，可以作为日常饮食中纤维的良好来源。蓝莓含有相当多的钾，钾能帮助维持体内的体液平衡、正常的血压及心脏功能。蓝莓中所含的蓝莓花青素是有效的抗氧化剂，经常食用，可提高对衰老、癌症和心脏疾病的抵抗能力。

富含蓝莓花青素，可提高抗氧化能力

柳橙芒果蓝莓奶昔

分量：1人份

原料：

橙汁100毫升，芒果40克，蓝莓70克，酸奶50克

调料：

白糖适量

做法：

1 芒果洗净，取出果肉，切成小块，待用。

2 备好榨汁机，倒入处理好的芒果块和蓝莓。

3 再倒入备好的酸奶、橙汁。

4 盖上盖，榨取奶昔。

5 打开盖，将榨好的奶昔倒入杯中即可。

营养小贴士

橙汁具有防治便秘、生津止渴的功效，配上含有益生菌的酸奶，有开胃消食的功效。

促进细胞健康生长，降低患癌的几率

猕猴桃秋葵豆饮

分量：1人份

原料：

去皮猕猴桃80克
秋葵50克
豆浆100毫升

做法：

1 洗净的秋葵去柄，切块。

2 洗净去皮的猕猴桃切块，待用。

3 将处理好的秋葵块和猕猴桃块倒入榨汁机中。

4 倒入豆浆。

5 盖上盖，启动榨汁机，榨约15秒成豆饮。

6 断电后揭开盖，将豆饮倒入杯中即可。

营养小贴士

秋葵含有铁、钙和糖类等成分，有预防贫血的效果。其中的锌和硒等微量元素，能增强体质。经常食用可促进细胞健康生长，降低患癌的几率。猕猴桃富含多种维生素，是具有美容效果的水果，能增白、淡斑和排毒。想要提高免疫力又“贪心”想拥有美丽肌肤，不妨多喝这款蔬果豆浆。

猕猴桃

有“维生素C之王”之称

猕猴桃含有丰富的碳水化合物、维生素和微量元素。尤其是维生素C、维生素A、叶酸的含量较高。其维生素C的含量约为苹果的10倍，被誉为“维生素C之王”。猕猴桃外皮含有丰富果胶。果胶可降低血中胆固醇浓度，预防心血管疾病。

牛油果

可降低胆固醇水平

牛油果含多种维生素、丰富的脂肪和蛋白质，钠、钾、镁、钙等含量也高。丰富的脂肪中不饱和脂肪酸含量高达80%，为高能低糖水果。牛油果中所含的油酸是一种不饱和脂肪，可代替膳食中的饱和脂肪，降低胆固醇水平。

补充多种营养，提高免疫力

牛油果沙拉

分量：1人份

原料：

牛油果300克，西红柿65克，青椒35克，红椒40克，洋葱50克，蒜末少许

调料：

黑胡椒2克，橄榄油、盐各适量

做法：

1 洗净的青椒切开，去籽，切成条，再切丁；洗好的洋葱切成丁；洗净的红椒切开，去籽，切成条，再切丁；洗净的西红柿切片，切条，改切丁。

2 洗净的牛油果对半切开，去核，挖出瓤，留取牛油果盅备用，将瓤切碎。

3 取一个碗，放入洋葱、牛油果、西红柿，再放入青椒、红椒、蒜末，加入盐、黑胡椒、橄榄油，搅拌均匀。

4 将拌好的沙拉装入牛油果盅中即可食用。

富含油酸，可降低胆固醇、降低血脂

牛油果香蕉奶昔

分量：1人份

原料：

牛油果、香蕉各40克，酸奶100克

做法：

1 香蕉去皮，切块。

2 牛油果切开去核，去皮，再切块，待用。

3 取出榨汁机，将牛油果块和香蕉块倒入榨汁机中。

4 加入酸奶。

5 盖上盖，启动榨汁机，榨约20秒成奶昔。

6 断电后揭开盖，将奶昔倒入杯中即可。

营养小贴士

牛油果营养价值与奶油相当，有“森林奶油”的美誉，牛油果含有大量的酶，有健胃清肠的作用，并具有降低胆固醇和血脂、保护心血管和肝脏系统等重要生理功效。

花生

有“长生果”之称

花生油中含大量的亚油酸，这种物质可使人体内胆固醇分解为胆汁酸排出体外，避免胆固醇在体内沉积，减少高胆固醇血症发病机会，能够防止冠心病和动脉硬化。花生中所含有的儿茶素对人体具有很强的抗老化作用，赖氨酸也是防止过早衰老的重要物质。

碱性食物，可保护心脑血管系统，抗老化

乌醋花生黑木耳

分量：1人份

原料：

水发黑木耳150克，去皮胡萝卜80克，花生100克，朝天椒1个，葱花6克

调料：

生抽3毫升，乌醋5毫升

做法：

1 洗净的胡萝卜切片，改切丝。

2 锅中注入适量清水烧开，倒入切好的胡萝卜丝、洗净的黑木耳，拌匀。

3 焯煮一会儿至断生。

4 捞出焯煮好的食材，放入凉水中，待用。

5 捞出凉水中的胡萝卜和黑木耳，装入碗中。

6 加入花生米。

7 放入切碎的朝天椒，加入生抽、乌醋，拌匀。

8 将拌好的凉菜装入盘中，撒上葱花点缀即可。

补充铁元素，预防缺铁性贫血

花生拌菠菜

分量：1人份

原料：

水发花生米70克，菠菜120克，红椒15克

调料：

盐3克，生抽3毫升，食用油适量

做法：

1 洗净的菠菜切成两段；洗净的红椒切成圈。

2 锅中倒入适量清水，大火烧开，加入少许食用油，放入菠菜，煮约1分钟至熟，捞出煮熟的菠菜。

3 油锅烧至三成热，倒入花生米，炸约2分钟至米黄色。

4 把炸好的花生米捞出，将菠菜放入碗中，再倒入红椒圈。

5 加入盐，搅拌均匀，再淋入少许熟油，拌匀，加入花生米，拌匀，倒入少许生抽，拌匀入味，盛出装盘即可。

营养小贴士

菠菜含有很丰富的铁元素，常吃菠菜可预防缺铁性贫血。

核桃

补充营养，健脑益智

核桃中所含的精氨酸、油酸等物质对保护心血管，预防冠心病、中风、老年痴呆等有益。核桃中所含的微量元素锌和锰是脑垂体的重要组成成分，常食核桃有益于大脑的营养补充，具有健脑益智的作用。

富含优质蛋白，为大脑补充营养

核桃蒸蛋羹

分量：1人份

原料：

鸡蛋120克，核桃仁15克

调料：

红糖15克，黄酒5毫升

做法：

1 备一玻璃碗，倒入温水，放入红糖，搅拌至溶化。

2 备一空碗，打入鸡蛋，搅匀，打散至起泡。

3 往蛋液中加入黄酒，拌匀。

4 倒入红糖水，拌匀，待用。

5 蒸锅中注水烧开，揭盖，放入处理好的蛋液。

6 盖上盖，用中火蒸8分钟。

7 揭盖，取出蒸好的蛋羹。

8 撒上打碎的核桃仁即可。

富含不饱和脂肪酸，可缓解头痛、健忘、心悸等症状

芝麻麦芽糖蒸核桃

分量：1人份

原料：

核桃仁80克，黑芝麻5克

调料：

麦芽糖20克

做法：

1 将麦芽糖直接浇在核桃仁上。

2 撒上备好的黑芝麻。

3 电蒸锅注水烧开上汽，放入核桃仁。

4 盖上锅盖，调转旋钮定时8分钟。

5 待8分钟后掀开锅盖，将核桃仁取出即可。

营养小贴士

核桃营养价值丰富，有“万岁子”“长寿果”“养生之宝”的美誉。核桃含有亮氨酸、色氨酸、苯丙氨酸、缬氨酸等成分，具有温肺定喘、润肠通便等功效。核桃中的蛋白质有对人体极为重要的赖氨酸，对大脑很有益。因此，中老年人出现头晕、健忘、心悸等症状时，不妨吃一些核桃试试。

板栗

抗衰老、延年益寿

板栗中所含的丰富的不饱和脂肪酸和维生素、矿物质，能防治高血压、冠心病、动脉硬化、骨质疏松等疾病，是抗衰老、延年益寿的滋补佳品。板栗含有核黄素，常吃对日久难愈的口舌生疮和口腔溃疡有益。

营养物质丰富，可护肤养颜、开胃消食

板栗煨白菜

分量：1人份

原料：

白菜400克，板栗肉80克，高汤180毫升

调料：

盐2克

做法：

1. 将洗净的白菜切开；板栗肉洗净，切粒，备用。
2. 锅中注入适量清水烧热，倒入备好的高汤。
3. 放入切好的板栗肉，拌匀，用大火略煮。
4. 待汤汁沸腾，放入切好的白菜。
5. 加入少许盐，拌匀调味。
6. 盖上盖，用大火烧开后转小火焖约15分钟，至食材熟透。
7. 揭盖，撇去浮沫，关火后盛出煮好的菜肴。
8. 装入盘中，摆好即可。